Astro Economics

宇宙経済学(E=M)入門

現在と未来を貫く「いのちの原理」

所 源亮＋チャンドラ・ウィックラマシンゲ＝著

地湧社

宇宙経済学（$E = M$）入門

現在と未来を貫く「いのちの原理」

●目　次●

第2部
『彗星パンスペルミア』を読む

はじめに——沈黙の宇宙意思と宇宙経済学入門

■「我々はどこから来たのか　我々は何者か　我々はどこに行くのか」

「我々はどこから来たのか、何者か、どこに行くのか」という問いは、「人間の永遠の問い」です。約20万年前に、ホモ・サピエンスとして地球に誕生して以来、人間はずっとこの問いに向かい合ってきました。

私たちは幸い科学の発展により、その問いに対する答を出すことができる時代に生まれました。それを可能にした発見とは、第1にヒトの染色体に書かれている遺伝コードの完全解読[*1]です。第2に、宇宙空間に有機物が満ちているという発見[*2]です。つまり、宇宙は生命で溢れている可能性が大きいということです。第3に、宇宙には、地球のような惑星がほぼ無限大にあるという発見[*3]です。地球は、かけがえのない存在ではなく、極々ありふれた惑星である、という観測事実です。

■地球生命は宇宙に満ち溢れている

『彗星パンスペルミア』（恒星社厚生閣　2017年）の著者チャンドラ・ウィックラマシンゲと「ビッグバン」の名付け親フレッド・ホイルは、宇宙には生命が溢れ、宇宙は生命のために存在していることを主張しました。その必然的な結果として全地球生命のルーツは宇宙にあり、地球上の生命のようないのちは、ごくありふれた宇宙現象であることを明らかにしました。人間が地球に奇跡的に誕生し、その生命の頂点に立ったわけではないことを実証科学によって証明しようと努めました。しかし、それを認めたくない人間の心理が邪魔をして、未だその合意が得られていません。

■人間主義は人間の思い込みにすぎない

16世紀にコペルニクスによって、地球が宇宙の中心的な存在ではないことが証明されました。19世紀には、ルイ・パスツールによって、“生命は生命からしか生まれない”ことが示され、地球で生命が自然発生したとする考えは否定されました。しかし、地球中心の考えを否定する正しい傾向に水をさしたのが、進化論です。チャールズ・ダーウィンと、アルフレッド・ラッセル・ウォーレスによって人間は、地球

上のすべての生命とその起源を同じくするという仮説が示されました。そしてその仮説から、人間が、“適者生存”の法則にしたがって、地球生命の頂点にいたったという誤解が社会進化論を唱えるハーバード・スペンサーによって植えつけられ、「人間中心主義[*4]」なるものが確立しました。

ダーウィン進化論は、多元宇宙のような開放系でしか成立しません。今の生物学では、宇宙に生命はいないし、地球に飛来してくることはあり得ないと考えられているため、地球環境は、閉鎖系です。ここでは、宇宙から遺伝情報が飛来（『彗星パンスペルミア』）しない限り、そして何らかの初期地球生命（空箱のような単純なもの）に外部から遺伝情報が挿入されない限り大きな進化はなく、小さなミニ進化しか起りません。このことは、約5.4億年前のカンブリア大爆発を見れば明らかです。非常に短期間のうちに、地球上に現在の地球生命のほとんどの先祖が出現しました。それ以前は、数種の生命しかいませんでした。そんな急激なダーウィン進化論的な「自然選択」は到底考えられません。宇宙から生命の遺伝情報物質が毎日100kg以上も地球に入ってくるとなると、地球環境は開放系ということになります。

チャンドラ・ウィックラマシンゲとサー・フレッド・ホイルによる「彗星パンスペルミア説」において、人類最大の疑問である「我々は、どこから来たのか」「我々は、何者か」、そして「我々はどこに行くのか」に対する科学的な結論が明らかにされました。

地球のような惑星は、宇宙生命にとっては単なるＤＮＡの増殖と混合の場です。したがって、宇宙生命にとって、惑星においてなるべく早く・効率的に・大量に（パン：汎）交配増殖して、宇宙空間にその子孫の胚種（スペルミア）を拡散させることがその使命となります。

繰り返しになりますが、宇宙から見れば、太陽も地球も人間も取るに足らない存在です。人間はすべての生命と同じく、その究極の生命目的は"複製"にしかないと思われます。

■人間だけが欲の限界を知らない

興味深いことに、人間と他の地球生命の違いが一つあります。それは、人間のＤＮＡコード（遺伝情報）のどこかに挿入された「エネルギー・モンスター（資源浪費お化け）」的なＤＮＡコードです。具体的には、自分の生存に必要なエネルギー以上のエネルギーを使う「人間だけの特質」を発現させているＤＮＡコードです。人間１人に必要なエネルギーは、１日約 2,000kcalです。現在人間は、その約 25 倍[*5]（50,000kcal）以上を使って生きています。先進文明国では 100 倍を超え

ています。

もし「宇宙意思」なるものが存在し、人間が地球上でエネルギー・モンスター的なＤＮＡコードを発現しているのであれば、そこには「宇宙意思」の、何らかの意図があるように思えます。

■人間に入ったLu遺伝子

まだ発見されていませんが、そのようなＤＮＡコードが存在する可能性は高いと思います。本書では、このＤＮＡコードのことを、「Lu（Life preference to the Universe）遺伝子[*6]」（宇宙選好の高いＤＮＡコードのこと）と言います。ここに人間が地球に誕生した役割（使命）があるのかもしれません。その役割とは、「惑星の破壊」です。地球（惑星）を一つの生命と見ると、地球は太陽のエネルギーを食べて、熱を宇宙空間に放出して生きています。太陽エネルギーに依存する地球システムに満足することなく、地球に貯えられた地球エネルギーと物質を積極的に開発し、消費する人間のもととなっているのがLu遺伝子です。地球を食べ尽くすことが「Lu遺伝子」に秘められた「沈黙[*7]の宇宙意思」であると考えられます。

人間以外の地球生命は、Le（Life preference to the Earth）遺伝子を持っていると仮定します。人間とまったく逆に地球

（惑星）エネルギーと物質の消費を生存（代謝）と自己複製に必要な最小限度に留めて太陽（恒星）エネルギーを利用しています。地球の視点から言うと、Luである人間は破壊的であり、Leである人間以外の地球生命は協調的です。

仏法で"無私"を唱えて2,500年以上になります。しかし、（著者を含め）私物を捨てた"無私"の人は釈尊を除いてほとんど皆無です。それどころか事態は悪化の一途をたどっています。「Lu遺伝子」が目指すのは、地球の崩壊のように見えます。人間の最大の特徴は、「無限の欲」を持っていることです。地球という惑星のエネルギーと資源が有限である以上、人間の際限のない欲は、最終的に地球のエネルギーと資源がなくなるまで、尽きることがありません。

■我々はどこへ行くのか

前置きが長くなりましたが「我々はどこから来たのか　何者か　どこへ行くのか」に対する答は、「我々は宇宙から来た　我々はウイルスである（本書p16-17およびX章参照）。我々は宇宙に帰っていく」です。

我々は、宇宙に帰ることが運命付けられています。そしてすでに我々は宇宙に出ています。今さらどうやって宇宙に戻るか、あるいはどのようにして宇宙で生活するかなど考

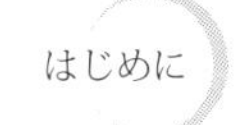

える必要はありません。恐竜は小惑星の衝突によって絶滅したと言われています。ＴＮＴ火薬約 100 兆ｔ（広島原爆の７兆倍）の衝突衝撃です。このときは、地球から宇宙に向けて多くのＤＮＡやＲＮＡなどの遺伝情報が飛び出していったと思われます。もっと最近では、約 100 年前のツングースカ（1908 年６月）とか、つい数年前のチェリャビンスクの隕石爆発（2013 年２月）などがあります。このような小惑星や隕石の衝突によって、絶えず地球上の生命の根源的な遺伝情報は、宇宙空間に放出されています。

順番が逆になりましたが、「我々はどこから来た」のでしょうか。本書の第２部に示される通り、地球上の生命は、宇宙から彗星に乗ってやってきました。地球上の生命は宇宙から降ってきた遺伝情報を、この地球で、ささやかな（ミニ）交配をしたり、挿入をしたり、選択をしながら複製に努めているだけです。

■それでは我々は、何者？

「我々は何者」なのでしょうか。人間を規定している設計図は、成人の 60 兆個にもおよぶすべての細胞中の核にある、46 本の染色体上に書かれた、ヒトゲノムというＤＮＡコード（遺伝情報）です。ヒトゲノムに書かれているＤＮＡコードの約半分[*8]が「ウイルスそのもの」および「ウイルスの断片」です。まだ未解明の残り半分も、おそらくウイルス由来の遺伝情報であろうと思われています。これは、我々人間が限りなくウイルスに近い[*9]ことを示唆しています。となると、我々の行動は、おそらくウイルス的であろうと思われます。

利己的あるいは非利己的という行動の分類をすることがありますが、それとは関係なく、“ウイルスの生命目的”は、観察される限り単純に自己複製だけです。その目的達成のために細胞に侵入し、そのエネルギーを利用して、ひたすら自己複製を繰り返すのがウイルスです。太陽や惑星が誕生するとき、そのいずれにも集合しなかった宇宙塵は、彗星となって太陽系の外周（オールトの雲）に存在しています。ウイルスはその中に潜んでいると考えられています。となると、ウイルスは、太陽系が誕生する前から宇宙空間に存在していたことになります。

■どのように生きるのか

「我々は宇宙から来たウイルスで、再び宇宙に帰る」。このことは、今までの考えとあまりにもかけ離れています。今でも、「生命は宇宙から来た」とするパンスペルミア説を唱えると、かなりの抵抗を受けます。

「我々は宇宙から来て、地球に仮滞在して、再び宇宙に戻る」ということが事実となると、これは人類始まって以来の天変地異であり、有史以来の思想の一大変革が必要となります。従って、今までの価値観が大きく変わってしまいます。なぜなら、今までは、すべて地球中心、人間中心だったものが、宇宙中心になるからです。今までは、地球の視点で物事を考えてきました。これからは、宇宙の視点から物事を考えることになります。従来の善悪さえも逆転するかもしれません。

■新しい世界観に備える

地球のエネルギーには、太陽から得られるエネルギーと地球が生まれてから貯えられたエネルギーがあります。太陽エネルギーは、給料のようなものです。地球に貯えられたエネルギーは、代々受け継いだ資産のようなものです。Lu 遺伝子を持つ人間は、ドンドン相続資産を食いつぶしていきます。この食いつぶし速度は目に余るようになってきました。自然の 10 万倍という試算もあります。このペースで食いつぶすと、地球はあと 100 年[*10]もたないかもしれません。

繰り返しになりますが、地球エネルギーと物質（希少財）は、有限です。一方、人間の欲は、無限です。希少財をどのように人間に配分すれば、人間の“欲”を“最大限充足”できるかということを考える学問が“経済学”です。“希少財をどのように配分すれば豊かな生活が実現できるか”を経済学に求めるのであれば、経済学の時空を宇宙に設定する必要があります。そして、少なくとも1000年先の未来までを貫く「いのちの原理」を創造しない限り、経済学は地球の希少財分配に関する意味のある学問にはなり得ません。

本書は、チャンドラ・ウィックラマシンゲとフレッド・ホイルの「彗星パンスペルミア説」を解りやすく解説するとともに、もしその仮説が正しいという認識が確立されたとき、今の経済学を超える経済学を模索するものです。宇宙生命起源（パンスペルミア説）に基づいた経済学の確立には、「宇宙システム」の中に存在する「地球システム[*10]」という認識が必要となります。従来の地球中心主義・人間中心主義を超え、宇宙の視点と時空から経済を考えていく“宇宙経済学（AstroEconomics）事始め”が本書です。

＊1　2003年4月のヒトゲノム完全解読。
＊2　本書Ⅵ p88。
＊3　1995年10月6日、スイスのミシェル・マイヨールとディディエ・ケローによる初の系外惑星の発見。
＊4　『旧約聖書（創世記）』、ユダヤ・キリスト教の創造観。

＊５　United Nations "The World at Six Billion"「エネルギー・経済統計要覧」

＊６　N.C. ウィックラマシンゲ「Vindication of Cosmic Biology（2015年）」、所源亮　Chapter 2 "Life as a Cosmic Phenomenon-2. The Panspermic Trajectory of Homo sapiens（2014 年）"

＊７　「沈黙」とは、声を出さないＤＮＡの発現の象徴的な表現です。「パンスペルミア」とは、宇宙空間に生命が溢れているだけでなく、宇宙空間は、実は、生命のためにあることを示唆しています。比喩的に言うと、「宇宙空間」は、生命の胚種を作る「農場」のようなものです。

＊８　F. ライアン「Virolution」Chapter5 。

＊９　山内一也「ウイルスと人間」。

＊10　松井孝典「地球システムの崩壊」。

第1部

宇宙経済学を考える

人間だけがなぜ“このかけがえのない地球を守ろう”とか“持続可能な経済成長”などと言葉では言いながらまったく逆の行動をとるのでしょうか。その答を求め、世界各地を巡り模索しました。模索の旅はブータンにはじまりドバイで終わりました。ブータンは、1人当たりエネルギー消費が極端に低いレベルにありながら幸福度が高いといわれている国です。ドバイは、その正反対で、一人当たりのエネルギー消費が異常とも思える高いレベルで国民生活が維持されています。ドバイでは、外気温が摂氏45度以上のなか、室内温度摂氏マイナス5度のスキー場が大流行りです。ブータンには、訪問した2010年、国中に信号機が1つしかありませんでした。

人間の言動と行動の矛盾を“宇宙天文学”と“分子生物学”の最新の知見に基づいて検討していくと、“地球を救う”とか“持続可能な発展”などを支える“生存規則”は人間からは決して生まれない宿命があることに気づきます。

すでに、有史以来1万年もの長期にわたり“人間の叡智”がその答えを示してくれることを期待し待っていますが、残念ながら現実は“地球システムの崩壊”に加速度的に向かっています。この最新の知見とは、地球上の生命が宇宙由来であること、宇宙空間には生命が溢れていること、ゲノムの運搬者はウイルスであり進化の推進者でもあること、すくなくともヒトゲノムの約半分がウイルス由来であること、地球のような惑星はほぼ無限に存在することなどです。

これらの事実は“人間中心主義”が馬鹿げた“夢想・幻想”であることを示しています。宇宙という時空における人間は“極微の存在”にすぎません。またこの一連の発見によって、宇宙は“無機質な空間”ではなく“生命を中心”としたものであると考えることもできるようになりました。宇宙は生命の増殖場であるという概念です。宇宙は“生命を作る農場”といってもいいと思います。惑星は生命の生産場、恒星は生命の源（多くの元素）の生産場といえます。

“生命の定義”は無数にありますが、本書では生命を“代謝し複製するもの”と定義します。また生命をエネルギーの消費によって、LuとLeに分けました（本書p13参照）。生存に必要なエネルギー以上を使う生命はLu、生存に必要なエネルギーしか使わない生命はLeです。LuはLife preference to the Universe（宇宙選好の高い生命）の略、そしてLeとはLife preference to the Earth（地球選好の高い生命）の略です。

地球上でLuは人間だけです。[*1-I-1] 人間以外の地球上の全生命はLeに分類されます。Luは、太陽エネルギーだけでは我慢できず地球エネルギーと物質を食い尽くす高エントロピー・ハードパス型のエネルギー・モンスター生命です。Leは、太陽エネルギーに依存する低エントロピー・循環型生命です。

I　経済学のパラドクス

経済学の父といわれるアダム・スミスは、1776年に『国富論』を出版しました。アダム・スミスは、当時の最先端を行くニュートンの力学や天文学に深い造詣があり、『国富論』の中で自然科学と道徳哲学との関係を考察しています。同年、アメリカ合衆国はイギリスから独立しました。その後、資本主義の発展とともに経済学は社会科学の最も重要な学問になりました。そして、アメリカ合衆国は資本主義を世界で最も信奉し盲目的に推進する国になりました。

経済学の研究対象は、基本的に、“人間”と“資本主義”です。その目指すところは、地球上の“希少財”の“最適配分”です。地球エネルギーや物質などの有限な資源（希少財）をどのように人間に配分すれば、人間の“欲”を“最大限充足”できるかということを考える学問が“経済学”です。経済学では、すべての“モノ（希少財とサービス）”は“お金”で買えます。別の言い方をすると、貨幣換算されます。例外は“愛”です。貨幣価値を直接示すことができないモノは、“費用便益（例えば、ピラミッドの価格は設定できなくてもそれを作る建設費用を代替する）”という間接的な方法によって貨幣換算します。すべてのモノは、人間の労働も含めて、エネルギーによって作られて依存しています[*1-1-2]からエネルギーに換算できます。人間は欲が原動力となってモノを所有したがります。その欲は、お金に投影されることによって限界効用（ある量を超えると満足度が逓減する）という垣根がなくなり、無限になります。お金に対する欲は、“貨幣愛[*1-1-3]”ともいわれ、無限大です。お金に対し人間は満足も貯蔵の限界も持っていません。

以上より、下記の等式が成立します。

$$E\text{（energy）}= M\text{（money）}= G\text{（greed）}$$

地球上で利用可能なエネルギーは、太陽エネルギー（核融合）と地球エネルギー（過去の太陽エネルギーと核分裂）です。地球エネルギーは有限です。太陽エネルギーも後推定 50 億年位で水素がなくなり終わります。人間は、太陽エネルギーに加えて地球エネルギーと物質に依存しています。人間の欲は、前述の通り無限です。
　したがって、地球上では

Eは有限であるのにGは無限であるから、$E = M = G$は成立しません。

　成立しているのは、$E \neq M = G$です。

　この等式が成立していないのに成立しているという前提で人間の行動を科学する経済学は、学問として破綻する運命[*1-1-4]にあります。
　これが、“経済学のパラドックス”です。
　はじめに紹介した通り、20世紀後半から今世紀にいたり、物理学（マクロの相対性理論とミクロの量子論）と生物学（分子生物学）の融合によって、宇宙にはいたるところに生命が溢れていて、人間は取るに足らない極微の存在であることが示唆されました。ゲノムの検証によって人間が地球上の生命の頂点に自然選択によって立っているわけでないことも明らかになりました。
　地球のような惑星は、この宇宙にほぼ無限大数存在することもわかってきました。かけがえのない青い地球ではないということです。そして、人間だけが地球上のモノを生存必要量をはるかに超えて過剰に消費することも理解されています。一人当たり約25倍の50,000kcalです。

＊1-Ⅰ-1　人間がLuになったのはウイルスがLeの中にLu遺伝子を挿入したと仮定。本書p16－17およびX章参照。
＊1-Ⅰ-2　Frederic Soddy "Wealth, Virtual Wealth and Debt（1926）"
＊1-Ⅰ-3　J. M. ケインズ、「Economic Possibilities for Our Grandchildren（1930）」、"The love of money"。
＊1-Ⅰ-4　ニコラス・ジョージェスク＝レーゲン：「The Entropy Law and the Economic Process（1971）」、有限なモノは物理原理に従っているが、無限な貨幣は数学原理に従う。

Ⅱ　21世紀のイノベーション（新しい“いのちの原理”）

経済学がこの科学認識に対応していないことは明らかです。$E = M = G$が唯一成立するのは、多元宇宙、あるいは定常宇宙[＊1-Ⅱ-1]の時空です。地球エネルギーと物質が有限である限り$E = M = G$は成立しません。したがって、経済学はその学問の目的である“人間に希少財をどのように配分すれば豊かな生活が実現できるか”を提示することは、その前提が誤っているため、できません。

それを可能にするのは、学問の時空を宇宙に設定する必要があります。宇宙生命論という概念に基づく、“宇宙経済学（Astro Economics）”[＊1-Ⅱ-2]を確立しなくてはなりません。

資本主義と人間を研究対象とする（マクロ）経済学の最大関心事は、“成長（好況）”と“崩壊（不況）”です。成長の原動力となっているのは、“イノベーション（革新）”です。新技術が社会全体に浸透した後は成長が鈍化し不況にいたると考えられています。これを打開するのが、J. シュンペータの“創造的破壊”というイノベーションです。このように資本主義の救世主のように崇められているイノベーションとは一体何なのでしょうか。イノベーションによる成長とは何でしょうか。

生き物（Le と Lu）の「いのちの原理」が目指すのは種の継続（複製）です。しかし、我々（Lu であるホモ・サピエンス・サピエンス）のいうイノベーションとは、Lu による希少財の消費と Le の抑圧と消滅を意味します。我々（Lu）以外の生き物（Le）の「いのちの原理」とは正反対のものです。そのように考えざるを得なくなってきます。それは、イノベーションが目指すものが、より効率を高め、より多くの産出の継続だからです。これを一言で言うと、より早くより多くのエネルギーを使って利用可能なモノを利用不可能なモノにする、つまりより早くエントロピーを高めるということです。一度擦ったマッチを再生することはほぼ不可能です。イノベーションは、我々（Lu）に“早くもっと多くマッチを擦れ”“早くもっとたくさん燃やせ”といっているのと同じことです。

従来の*Innovation*の定義

■従来のInnovation →　成長を目指す

新製品・新市場・新資源・新技術・新組織等の創出。

■Innovationの創出　→　より生産性の高い産出

→より多くのストック・エネルギーの消費

→　より高い生活

■21世紀のInnovation →　生命(LuとLe)の継続を目指す

Innovationのすべてが(無限の)成長を否定するもの。

例えば、今のペースで人口が増加し続けると、後２千数百年位で地球の重量と等しくなる[*1-II-3]といわれています。こんなことをいつまでも続けることは、閉鎖系の惑星（地球）システム内ではあり得ません。地球の存続は、恒星である太陽の寿命に依存しています。太陽は、後50億年位で核融合反応の燃料である水素がなくなり、赤く光る赤色巨星となり、寿命を迎えます。そのとき太陽の惑星である地球は、太陽と共に宇宙に還元されます。つまり、地球は宇宙システムに任せておけば、太陽と共に後50億年位で姿を消すということです。したがって、その上に存在するすべての生命もなくなります。50億年も待たなくても、後5億年すると大気中のCO_2が今の1/10となり、光合成ができなくなると言われています。植物の光合成ができなくなると、それに依存しているすべての生命は消滅します。これが、地球上の生命の天寿です。さて、我々（Lu）が地球システムに介在することで、先程述べたとおり、あと2千数百年位で人間の質量と地球の質量が同じになるという異常事態は、資本主義の救世主である従来のイノベーションが、地球の歴史を1千万倍の速さ[＊1-Ⅱ-4]で進めているためという見方もできます。これが従来のイノベーションの究極、行き着くところです。ということで21世紀のイノベーションは成長を目指すものではなく、LuとLe両方の生命の継続（共生）を目指すものに待ったなしに変革されなくてはなりません。これが21世紀のイノベーションです。

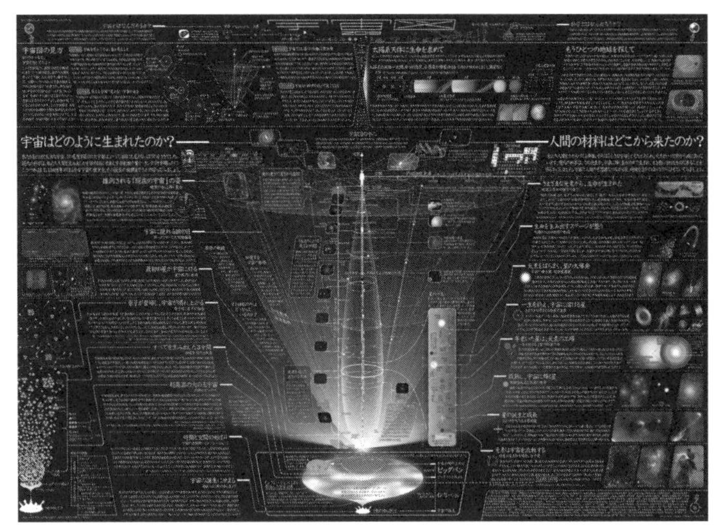

“観測可能なこの宇宙”
宇宙図 2013　http://stw.mext.go.jp

そこでまず、地球の歴史からはじめ、1000 年先の未来までを貫く“いのちの原理”を創造しなくてはなりません。そして着実に日々の生活の中にその考えを取り入れることができればあと 1,000 年位は、この地球も耐えられるかもしれません。

「歴史は、何も教えないが、教訓を学ばない者を罰する[*1-II-5]」といわれます。

その通りだと思います。ただ我々の歴史は、地球、そしてアジアの宇宙の歴史という超長期で考えなくてはなりません。「歴史時代（1万年位）」という短期の出来事に焦点を合わせ、「先史時代（数百万年前）および地球創成（約46億年前。さらに観測されるこの宇宙の特異点の約138億年前）」という超長期の出来事を無視するようであれば1000年先の存続など夢のまた夢です。

観測的宇宙論によるとこの宇宙は、約138億年前のビッグバンによって創生されたとされています。我々の生命は、この宇宙の誕生と密接につながっています。それは、約46億年前の地球誕生にいたり、約42～38億年前の生命、約20億年前の真核細胞、約6億5千万年前の多細胞、約2億5千万年前の原始哺乳類の出現へとつながっています。我々

は、胎児のうちにこの42～38億年の歴史を一気に辿るといわれています。そして、その歴史はすべてＤＮＡに累積されそれによって形成されます。したがって、我々のＤＮＡは、42～38億年の地球の歴史、さらにはそれ以前の超天文学的な多元宇宙の時空を背負っています。我々の肉体は、必ず死を迎えます。そのとき、肉体は地球上に残りますが、究極的に、生命はもともとの元素となり光となり宇宙への旅に出かけると考えられます。いずれにせよ、現在と未来を語るにあたり、超天文学的な時空の話など無用ではないどころか、実は最も重要なことなのです。

＊1-Ⅱ-1　炭素の生成とその後の恒星内における重元素（ヘリウム元素より重い元素）の生成、無機物から有機物の生成、そして超天文学的な不可能性を超えた、超天文学的な時間を経た生命の誕生（Ⅳ-2参照）には、我々が認識できるこの宇宙（約138億年±2億年）を超えた時空を必要とします。この視点から、フレッド・ホイル、バーバッジとナルリカルは、「標準的宇宙論モデル」に分類される「ビッグバン説」に対し、「非標準的宇宙論モデル」の「定常宇宙論」そして「準定常宇宙論」を提唱しました。「定常宇宙論」では、宇宙は膨張しているにもかかわらず、時間とともに変化しないと主張しています。そのためには、宇宙の密度を保つために新たな物質が時間とともに絶えず生成されている（1年間に1km^{2}当たり水素原子が1個程度）必要があります。その後、フレッド・ホイルによって改良された「準定常宇宙論」では、宇宙が非常に長い時間をかけて膨張と収縮を繰り返し（1サイク

ル約500億年を20回繰り返す)、それぞれの段階は前の段階の残存構造をもとに成り立っているとしています（Hoyle *et al.*, 2000)。

＊1-Ⅱ-2 所源亮「Astroeconomics（Presented at the 22nd Inter Pacific Bar Association Conference, New Delhi, India）(2012. 3. 1)」

＊1-Ⅱ-3 松井孝典『地球システムの崩壊』。

＊1-Ⅱ-4 50億年（5×10^9）を500年（5×10^2）で割った結果（1×10^7）です。

＊1-Ⅱ-5 これはロバート・ハイルブロナーの「21世紀の資本主義」の中に引用されています。

Ⅲ　地球破壊に向かう人間（Lu）のＤＮＡ

地球約46億年の歴史の中で、人間（Lu）の歴史はほんの一瞬です。1年を宇宙の創生から今日までを示す宇宙カレンダーに従うと、人間（Lu）の歴史時代は、大晦日の最後の0.1秒にもなりません。アフリカの木の上の生活を捨て、地上に降り立った猿人のルーシーから数えてもせいぜい4百万年（40秒）位です。その後、人間（Lu）の先祖は、まず“道具”を発明し、続いて“火”を発見します。約5万年（0.5秒）前にはついに最後の武器ともいえる“言葉”を完成した現生人類（ミトコンドリア・イブとY染色体・アダムが先祖といわれるホモ・サピエンス・サピエンス）が150人位でアフリカを出発し、世界各地に移動していきました。この現生人類が現在の世界中の人間（Lu）のご先祖様と考えられます。

直立歩行に加えて、“道具・火・言葉”が人間（Lu）とその他の生きもの（Le）との決定的な違いです。その中でも“言葉”が最も著しい違いを導くものです。言葉によって人間（Lu）は、地球で唯一“過去・現在・未来”を語ることができる生きものになったからです。人間（Lu）の最も古い先祖の猿人ルーシーは地上を選択しましたが、木の上の生活にとどまったチンパンジーは、今も4百万年前と同じ生活をしています。高度な道具も火も言葉も使いません。問題は、ルーシーの子孫である人間（Lu）とチンパンジー（Le）のどちらが幸せなのかということです。

簡単な例ですが、未来を語る言葉を持たないチンパンジーは、人間（Lu）の不安の大半を占める未来に対する考えがまったく異なります。あるいは、そのような不安はないのかもしれません。つまり、その分だけ人間（Lu）より幸せなのかもしれません。

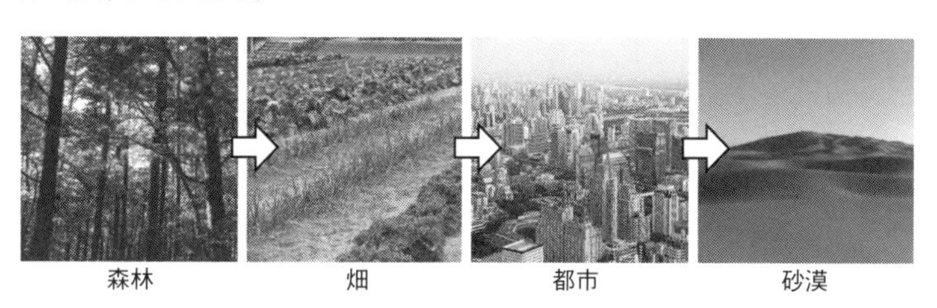

約５万年前アフリカを出た現生人類は、１万５千年の間に各地にいた先住の古代型人類の旧人ネアンデルタール人（交雑あり）やホモ・エレクトスなどを滅ぼし、地球を現生人類だけにしました。そして、約１万５千〜１万３千年前の最終氷期の終了、つまり気候の温暖化に伴って、狩猟採取の移動生活から農耕牧畜の定住生活へと生活形態を変えました。そして、ついに四大文明を開花するにいたります。

四大文明の一つのメソポタミア文明は、シュメール人によるもので、今から約９千年前の集落が起源です。ここに最古の文学が誕生しました。シュメール人の神話的叙事詩の「ギルガメッシュ物語」です。この中に人間（Lu）による文明の宿命がすでに暗示されています。つまり、文明とは、森林を破壊し（地球エネルギーを消費尽くし）、亡びていくことです。[＊1-Ⅲ-1]言い換えると、人間（Lu）は、森の木を伐採し、それをエネルギー源とし、その伐採地を農地にしました。その地力を使い果たした挙句、荒地（地球）を後にし、次の新天地（次の惑星）を求めて移動（彗星パンスペルミア説）していくという文明（惑星）崩壊の構図です。

ギルガメッシュ王は、神の使者エンキドゥと一緒になって森の神フンババを殺害します。これは、人間（Lu）と自然（Le）との決別の象徴であり、森林破壊に対するゴーサインともいえます。これ以降、人間（Lu）は森林面積を一方的に減少させています。今も人間（Lu）は、一所懸命森林伐採を続けています。1950年に70億haあった森林面積は、50年後の2000年には39億haに激減しています。このペース（年率2%）で“文明”を進めていくと、あと50年で地球上の森林はなくなります。

Overview of History（間違いのルーツ）

歴史イベント	400万年	1万年	ローマ帝国の滅亡	産業革命～1950	貨幣資本革命
	<言語>	<貨幣>	<資本>	<デジタル資本・貨幣>	
生活手段	狩猟採取	農業（麦・米・とうもろこし）	交易	産業経済	貨幣資本経済
生存システム	伝統	命令	命令～自由放任	自由放任	自由放任
思想	共通（循環）	共通（循環）	一神教・多神教	物質主義	貨幣愛
エネルギー使用量（生存必要量の倍数）	2	6	13	38	117
生存目的	Copy	Destruction (Low Level)	Destruction (Medium)	Destruction (High)	Destruction (Ultra)

■経済学の前提＝（貨幣中心）＋（モノと資本の無限性）＋（自由放任主義および私有財産）＋（今の需給）

■人口：10億人（1830年）、20億人（1930年）、70億人（2010年）

＊1-Ⅲ-1　梅原猛『森の思想が人類を救う』。

Ⅳ　「自由放任主義」と地球の限界

人間（Lu）が地球上に出現して以来、人間（Lu）の生存のためのルール[*1-Ⅳ-1]は、わずか３つしか発明されていません。１つは“伝統”です。これは現生人類がアフリカを出発する以前から約１万年前の狩猟・漁労・採取の獲得経済的な生活をしていた時代の生存規則（サバイバル・システム）です。次に人間（Lu）が発明した生存規則は、“命令”です。これは、農耕と牧畜という生産経済的な生活を維持するためには、不可欠でした。“伝統”というルールだけでは、少人数の集団のまとまりは維持できますが、多くの人の統率が要求されるピラミッドの建設とか、都市文明を支えることはできません。この典型が282条にもおよぶハンムラビ法典です（BC1800年）。

その後しばらくは、“伝統”と“命令”で人間（Lu）はなんとかまとまりを維持してきましたが、５世紀後半のローマ帝国の崩壊によって、国家が分散しました。これによって交易が本格化したといわれています。この変化にしたがって、第３の生存規則である“自由放任主義（laissez faire）”が誕生しました。

私有財産を前提とした自由放任主義とは、勝手にやる（自由意思による決定と契約）ということです。ローマ帝国崩壊後の1300年は、資本主義の準備期間です。18世紀後半の重商主義（J. スチュワート）と重農学派（F. ケネー）を経てイギリス古典学派（A. スミス、T. R. マルサス、D. リカード、J. S. ミルなど）の時代から本格的に発展した経済学では、これを“神の見えざる手”すなわち“市場”と言っています。この３番目の生存規則によって、人間（Lu）の自由は解放されました。

一見すると人間（Lu）の幸せの増大のように見えますが、果たしてそうなのでしょうか。自由放任主義によって、昔は一部の王様とか金持ちしか享受できなかった快適な生活とモノが多くの人々に行きわたりました。人間（Lu）はそれを幸せと考えています。自由放任主義を謳歌している人間（Lu）は、それが持つ地球的そして超長期的な意味を考えることはしません。今が地球の歴史上のほんの一瞬であることを認識できていません。人間（Lu）は、基本的・遺伝的に短期（せいぜい100年）志向です。

生命目的を再考する

分類コード	分類	目的	指令・ツール	存在システム
Le	ヒト以外の生き物	Copy	DNA	地球
Lu	ヒト（現生人類以降）	Destruction	DNA ＋言葉 ＋貨幣	宇宙

人間（Lu）は、地球上に現れた最も新しい哺乳類です。つまり、地球にとっては、ほんの少し前に出てきた新しい生物です。なぜかこの新しい生きものである人間（Lu）だけが自分の力で自分を破壊する方向に向かっていきます。その反対に他の生きもの（Le）は、人間（Lu）の害かあるいは自然災害によってのみ破滅を迎えます。このことを我々はいつも認識していなくてはなりません。

この自由放任主義にかわる第4の生存規則はまだ発見されていません。どのようなものなのかもわかりません。経済学者のケネス・ボールディングは、今の経済学を“Cowboy Economy”といいました。シュンペータとケインズに学んだ経済学者のE. F. シューマッハは、第四の生存規則を仏法[1-IV-2]の無私無我（足るを知る）に求め“Buddhist Economy”を唱えました。確かなことは、この生存規則（自由放任主義による資本主義）のままでは地球がもたないことです。

地球の天寿はあと50億年位あるといわれています。いずれにせよ地球は有限です。有限というとエネルギーや物質というモノ（希少財）の有限性をまず思い起こしますが、それだけではありません。ゴミ捨て場（後述の使用済み核燃料）も有限であることも考えなくてはなりません。モノは、人間（Lu）によって別のモノに作り換えられます。これを人間（Lu）は、生産あるいは消費と言います。生産されたものは、決して元に戻ることはありません。簡単に言いますと、モノは人間（Lu）によって使えるモノから使えないモノになるだけです。繰り返しになりますが、マッチをつくって、それを使います。これを元に戻すことはできません。[*1-IV-3]

今最も危機感を持たなくてはならないことがあります。それは、ゴミ捨て場が地球の大半を占めるようになってしまうことです。そしてそれは、ある日突然やってきます。ゴミの幾何級数的な成長という恐怖です。その日まで人間（Lu）は自由放任主義という生存規則に従って生きている限り何もできません。その理由は、自由放任主義の大前提が地球エネルギーと物質そして太陽エネルギーが無限にあること、加えてその捨て場も無限にあるという幻想を人間（Lu）が持っているからです。我々はそのことを認識しなくてはなりません。

＊1-Ⅳ-1　ロバート・ハイルブローナー『21 世紀の資本主義』。

＊1-Ⅳ-2　仏法（明治以降は仏教）では、生きるということは“四苦八苦”する苦しみの中で生きることである（苦諦）。これは“病気”に例えられる。その病気の原因は、“自我（me)”と“私のモノ（mine)”という執着である（集諦）。したがって、病気の治療にはその病因を取り除くこと、即ち“無我（no me)”と“無私（not mine)”を実践することが必要（滅諦）。そのためには、正しい生き方、“八正道”という薬を用いる（道諦）。

＊1-Ⅳ-3　アインシュタインの等価法則 $E=mc^2$ は、主として物質のエネルギーへの転換の場合に妥当する。

Ⅴ　日本古来の“いのちの原理”

人間（Lu）に天上の“火（エネルギー)”を教えたプロメテウスは、それに怒ったゼウスに罰せられました。[＊1-Ⅴ-1] 現生人類は、この火を原人ホモ・エレクトスが発見し

た単純な“火”から“力”にすることに成功しました。水蒸気（蒸気機関）です。これによって人間（Lu）は有限な地球のあらゆるモノを急速に消費することになりました。産業革命です。

そして前述の通りこのペースで、例えば人間（Lu）が増え続けていくと、あと２千数百年位で地球の全重量を超えます。そんな、あり得ない速さで我々は成長を志向しモノを生産して消費しています。

しかしながら人間（Lu）はその情勢を止めることができません。残念ながら自由放任主義を超える第四の生存規則をつくり実践しない限り、絶対に止まりません。もうあまり時間がないかもしれません。人間（Lu）による鉱物資源の移動（例えばオーストラリアの鉄鉱石を日本に持ってくること）と、プレートテクトニクスによるオーストラリアと日本との衝突を考えることによって、この時間的スケールの大きさがわかります。[＊1-V-2] 自然に任せると数千万年の移動が、人間（Lu）により数百年になります。この計算でいくと、現代の１年は10万年に匹敵します。[＊1-V-3]

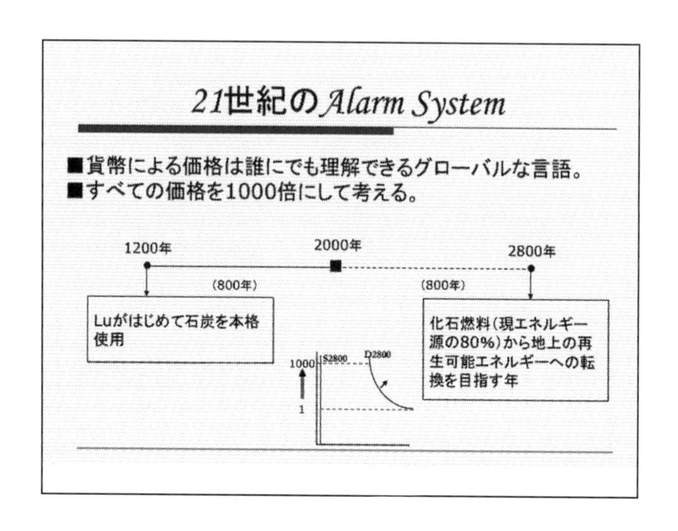

この新しい“火”の源は、３つあります。一つは森林資源で地上のもの、正しく管理できれば再生可能な資源です。

第２の火は、13 世紀にイギリスで本格的に採鉱がはじまった地下資源である化石燃料の石炭です。これに後に石油と天然ガスが加わりました。これらの資源は再生不可能な希少財です。

第３の火は、太陽光から原子力までいろいろ考えられますが、“純増”となる新エネルギー源は実は希少です。つまりそれによって得られるエネルギーが、それをつくるために要したエネルギーを上回るエネルギー源で潤沢かつ大規模なものは、今のところないということです。

最も有望視されていた原子力にいたっては、ウラン238とウラン235を原料とする核燃料の放射能が、原子力発電の稼働（中性子の衝突）によって一億倍以上にも高くなり、それ（使用済み核燃料）が元の放射能レベルまで下がるには100万年もかかります。ということで、原子力発電は使用済み核燃料の安全な安定した貯蔵方法が発明されない限り、また貯蔵場所（ゴミ捨場）が準備されない限りあり得ないエネルギーです。

さて、現代社会において、この“火”による力、すなわちエネルギーはすべての生活の基盤となっています。農業も工業も商業もすべてエネルギーに依存しています。今日では、ほとんど（約80％）のエネルギーが、石炭・石油・天然ガスという化石燃料（過去の太陽エネルギー）に依存しています。化石燃料は、残念ながら有限であり再生不可能な資源ですから、いずれなくなることが明らかです。いろいろな試算がありますが、最も楽観的な予測でも、あと500年位です。

*21*世紀の*Innovation*

■パラダイム・シフト：地球の破壊から生命の持続
■システム：循環（低エントロピー）
■思想：デカルト的二元論からの離別

↓

日本思想（山川草木悉皆成仏）

以上を支えるInnovationが、21世紀型のイノベーション（Social Innovation）でなくてはならない。

500年を過去に遡ると、日本では室町時代です。考えてみれば、日本ではつい最近（150年位前）までは、すべての生産・消費活動が化石燃料に依存しない体制ができていました。この点において、日本は世界でも極めて特異的といえます。それは、日本が豊かな森に恵まれていた（フンババ殺害前のシュメール文明のような）ことによります。そのため、日本は世界で最後まで化石燃料に依存しない高度な文明の形成と維持をしていました。風土的な偶然のみならず、日本には縄文時代から続いている自然崇拝と外来の仏法と道教と儒教の融合（空海の「三教指帰」）という森林資源の保存にとって好都合な“いのちの原理”が存在していたからでもあります。

我々は、したがって、すぐ到来[*1-V-4]する1000年先に至る経済学を考えるとき、化石燃料依存体制からの離脱が新経済学の前提となっていなくてはなりません。しかし、太陽光・風力・地熱・バイオ・水素・原子力などの代替エネルギーについては、“純エネルギー増”の観点から怜悧（れいり）に検証されていなくてはなりません。エネルギーの生産のためにより多くのエネルギーを使わなくてはならないほど、馬鹿馬鹿しい話はありません。先述の通り、原子力発電は、使用済み核燃料の貯蔵問題という大きな外部不経済を抱えているから選択することはできません。

＊1-V-1　古代ギリシャの詩人ヘシオドス（紀元前8世紀頃）による叙事詩『労働と日々（仕事と日）』の中に、「五時代の説話」があります。五時代とは、神（クロノス）が作った“黄金の種族”という人間の時代、クロノスの子ゼウスが作った“銀の種族”という人間の時代、ゼウスが作った“青銅の種族”という人間の時代、ゼウスが作った“半神の種族”という人間の時代、そして最後にゼウスが作った“鉄の種族”という人間の時代のことです。今、我々が住んでいるのは“鉄の種族”の時代であり、我々は鉄の種族です。ゼウスは自分で作った鉄の種族の人間は、正義は力にありと決め、悪事を働き暴力をふるう者を重んずる。だからそんな人間と一緒に生きたくないといってその他の神と共にあの世に行ってしまいました。ということで、ヘシオドスに従えば、我々は“鉄の時代”に生きています。この時代の地球にあ

るのは、ゼウスの目を盗んで人間に火（エネルギー）を与えたプロメテウスに対する神の罰（パンドラが開けた甕〈一般に「箱」といわれていますが、実際は「甕」〉から飛び出した無数の災厄）だけです。パンドラが開けた甕に残ったのは、エルピスという希望だけです。パンドラはゼウスがヘパイトスに命じて土を捏ねて作った体にアテネ（技芸と織物技）、アプロディテ（色気）、エルメス（不実）が魂を吹き込んだ女性で、人間の中に“言語”として内在しているようです。

＊1-V-2　注1-II-3参照。

＊1-V-3　注1-II-3参照。

＊1-V-4　神の1分は人間の1億年に相当する（E.F. シューマッハ）。

VI　Alarm Systemとしての貨幣論

ここで身近なお金（貨幣）のことを考えてみます。お金はそもそも「使用価値」を表わすものとして出現しました。そしてモノとモノの交換を容易にする「交換価値」として発展し、その後「価値貯蔵」や「資本」といういのちが貨幣に与えられました。最初にお金として使われたのが子安貝などの「実物貨幣」です。次に金・銀・銅などが

お金（「商品貨幣」）になりました。モノが増え、商品貨幣では間に合わなくなると、それと交換可能な「兌換紙幣」が発行されるようになりました。それでも足りなくなると、ついにただの紙幣（「不換紙幣」）が発行されるにいたりました。ただの紙幣というのは、それが兌換紙幣のように決まった量の金・銀と交換できる保証がないただの紙です。

今はドルが国際的な基軸通貨となっていますが、これは、一言で言えば、すべての紙幣がアメリカという国の信用に基づいているということになります。アメリカがもし、あまり信用のおけない印刷屋であるとしたら、つまり勝手にどんどんドル紙幣を印刷するようだと、ドル紙幣はどんどん増加し、その結果、価値がどんどん下がることになります。ドルという貨幣が基軸通貨であり得るのは、人々がもつ、ドルがドル貨幣として未来永劫にわたって使われるであろうという「予想の無限の連鎖」[＊1-Ⅵ-1]によります。重要なことは、商品貨幣以外は、紙幣などお金そのものには何の価値もない[＊1-Ⅵ-2]のに、無限に価値が増大する宿命があることです。ビットコインのような「仮想通貨」あるいは「暗号通貨」にいたっては、紙幣を超える、まさに無限大・無制限の経済貨幣です[＊1-Ⅵ-3]。

お金は、何かモノ（サービスも含む）と交換できない限り無価値です。今はなくなりましたが、前述の兌換紙幣は、金・

銀と交換できました。したがって金・銀と等価の交換価値があり、有限という制約があります。

お金のもう一つの意味は、我々にモノの価値を伝えてくれることです。つまり価格表示です。これによって高いとか安いとか、買う・売る、あるいは買わない・売らないなどの生産・消費行動が決まります。そこで考えられるのが、我々の生活に最も基本的な、つまりなくてはならない“火（エネルギー）”の源[*1-VI-4]となっている化石燃料（含む核燃料）を想定上の担保としてお金の価値を決めるという方法です。前述の通り、現在（“愛”以外は）あらゆるモノ（希少財とサービス）はお金で買うことができます。それが今の経済学の前提です。これを数式で表すとE=Mとなります。別の言い方をすると、兌換紙幣の“金”に代わるものとして“現在残っている化石燃料”を見立てる（担保する）ということです。これによって、モノの有限性[1-VI-5]とお金の無限性[*1-VI-6]の矛盾を明らかにすることができます。

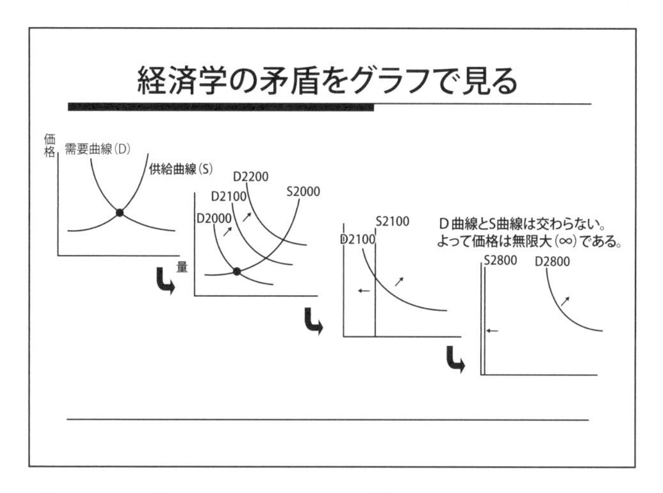

現在ほとんどすべてのモノの価格は、自由放任主義という生存規則のもと、売り手と買い手が市場で折り合ったところ、つまり“神の見えざる手”で決定される（均衡点）ことになっています。しかしこれは、無限に市場に投入されるモノと自由な買い手があってはじめて有効に成立するしくみです。このしくみの決定的な欠点は、市場に参加している買い手が、今の世代しかいないことです。[*1-Ⅵ-7] 農作物のように、消費・貯蔵できる期間が短いモノ、つまり先の世代が消費できないモノは、先の世代は今の市場では買えません。しかし、化石燃料のように、いつまでも買い置きしておけるモノであって、なおかつ極めて有限なモノに対しては、例えば1000年先の世

代が買い手に登場してもおかしくないのです。むしろ市場に参加する当然の権利がある[＊Ⅰ-Ⅵ-8]と考えるべきです。となると買い手は1000倍以上に拡大します。このような考え方で、残された化石燃料の価格を計算すると、ほとんど無限大となります。

無限大では計算ができないので、最低でも現在の1000倍になると仮定します。我々が生産し消費するモノのほぼすべてが化石燃料をはじめとする火（エネルギー）に依存しています。ということは、1000年先の我々の子孫の代までの需要を考慮すると、化石燃料を使って生産されたすべてのモノの本当の価値は、現在の表示価格の最低1000倍でなくてはおかしいことになります。これは少しも非現実的な考え方ではありません。おそらく100～200年後の現実です。もっと早く20～30年後の現実かもしれません。幸運にもそうならなかった場合でも、100～200年後の我々の子孫は、今よりももっと危険な使用済み核燃料をはじめとする諸々のゴミ捨て場と隣り合わせにビクビクしながら超不安定な経済の中で生活しているに違いありません。

したがって、このような貨幣の価値に対する考え方は、自由放任主義を無条件に謳歌している人間（Lu）、つまり、自分に対する“警報”です。Alarm Systemとしての貨幣論を早急に確立することが要請されています。

Failure of Economics(経済学の崩壊)

■Stockエネルギー・資源・捨て場は有限であるのに無限を前提としている。
■貨幣(資本)は、無限に成長する。

イワンの馬鹿

■先の世代の需給論でなく、今の需給論を展開している。

お金の矛盾は、このような価値（価格）の問題にとどまりません。お金がモノとモノとの交換手段という本来の役割から逸脱して資本[*1-Ⅵ-9]となり、お金がお金を生むということが現代では当たり前になってしまいました。しかしながらこれは地球を有限な惑星と考えると、大きな矛盾を孕んでいます。例えば、銀行が金利をつけてお金を貸すとします。この貸付けに対し、返済が行われなければ、この貸付けは無限大に拡大します（借金が雪ダルマ式に増える）。したがって無限大のお金が銀行に貯まります。さて、その貯まったお金で銀行がモノを買うときが問題です。なぜなら、モノは無限ではないからです。お金はいくらでもあるが、モノが何もないという状態です。この場合、モノの供給がないのに需要があるためにモノの価格が無限大に跳ね上がるだけです。お金自体には何の価値もないことが露呈した状態です。トルストイの『イワンの馬鹿』のタルスが陥った誤謬[1-Ⅵ-10]です。

---

* 1-Ⅵ-1 「二十一世紀の資本主義論」岩井克人。
* 1-Ⅵ-2 E.F. シューマッハ「Good Work（1980）、邦訳“宴のあとの経済学（2011）”」、貨幣の本来の価値は“交換価値”である。
* 1-Ⅵ-3 F. ソディ「The Role of Money(1934)。貨幣は、物理学の“質量保存の法則”と“エントロピーの法則”から免れている。
* 1-Ⅵ-4 人間が産出し貨幣価値によって示されるすべてのモノは火（エネルギー）によってつくられる。“労働（サービス）”も人間が火（エネルギー）によってつくられる衣食住に依存している限り同じである。
* 1-Ⅵ-5 モノは物理的に存在する。
* 1-Ⅵ-6 お金は数学的に存在する（対応するモノがなくてもいい）。
* 1-Ⅵ-7 N. ジョージェスク・レーゲンの“その世代の指し値”。
* 1-Ⅵ-8 H. バーネットとC. モース「Scarcity and Growth（1963）」、の“世代間の見えざる手”。
* 1-Ⅵ-9 F. ソディ、「Wealth, Virtual Wealth and Debt（1926）“資本”とは“利子率で割ってそれを100倍した不労所得のこと”。
* 1-Ⅵ-10 トルストイ『イワンの馬鹿』。

Ⅶ　1000年先まで地球を守る経済学

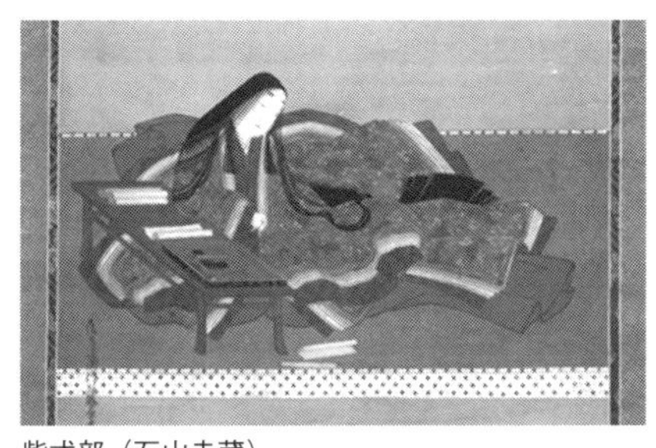
紫式部（石山寺蔵）

これからは、宇宙時空の視野に立ち、地球1000年の経済学（これを“宇宙経済学”という）を考えなくてはなりません。ちょうど1000年前、日本では紫式部が『源氏物語』を書いていました。この時代、日本ではすでに人間（Lu）中心の生物世界が成立していたとはいえ、すべてのヒトと他の生きものはおろか、山や川にいたるまで仏性がある（山川草木悉皆成仏）という、“いのちの原理”が中心思想でした。そのわずか200年後、欧州文明の先進国イギリスでは、ヘンリー2世のもと、本格的な化石燃料（イギリスの石炭は掘りやすい上層にあった）の採鉱がはじまっていました。さらに、人間（Lu）中心主義を根底にした大憲章（マグナ・カルタ）が、自由人の生命と私有財産の保証（自由放任主義の保証）を規定しました。この東西の両端に位置する島国の違いは象徴的です。

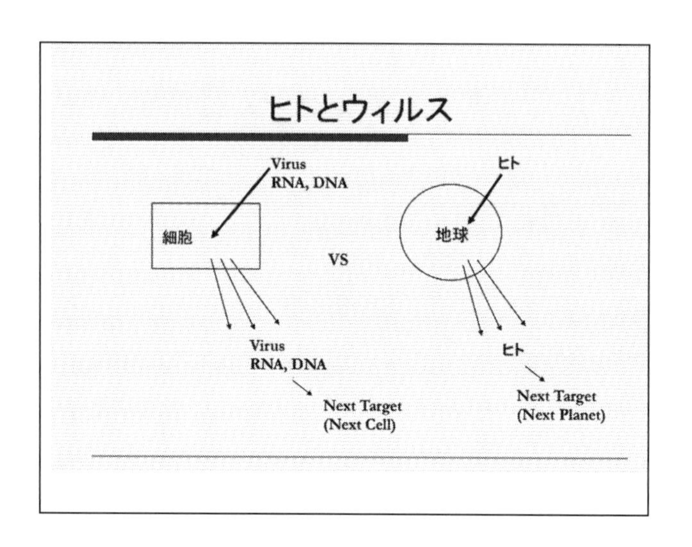

1000年後の世界はいったいどのような姿になっているのでしょうか。それを見ることはかないません。我々にできることは叡智を尽くし1000年後の地球に生きる道筋を示すことです。しかし残念ながら、人間（Lu）に惑星（地球）を守るという期待される叡智はありません。

前述の通り人間はLuです。人間をLuたらしめているLu遺伝子の唯一の目的は、地球のエネルギーと物質をなるべく早く食いつぶしてLu遺伝子の“自己複製”をすることです。一方の、人間以外の地球生命のLeは、まったく逆に惑星地球エネルギーに依存しないで太陽（恒星）エネルギーを利用して、ある意味ゆっくりと、Le 遺伝子の自己複製を行っています。地球の視点からいうと、Lu である人間は惑星破壊的であり、Le である人間以外の地球生命は惑星協調的です。

ヒトゲノムの完全解読によって人間の遺伝子の解析が進み、ヒトゲノムの約半分がウイルス由来[＊1-Ⅶ-1]であることが判明（第２部Ⅹ参照）しました。今後の研究によってこの比率はさらに高くなりそうです。

人間のルーツがウイルスである可能性[＊1-Ⅶ-2]が高まってきました。そうなると、宇宙における人間の存在理由とウイルスの存在理由は同根である可能性があります。ウイルスの生命目的にしたがった存在理由は、究極、自己複製だけです。ウイルスは細胞に侵入し細胞のエネルギー機構を占拠して、細胞を犠牲にし（細胞エネルギーを搾れるだけ搾って）自己複製します。人間の行動を単純に人間個体数の増加過程として観察すると、ウイルス同様、人間も地球（細胞）のエネルギー機構を占拠し、地球搾取を繰り返して自己複製しているように見えます。細胞に付着したウイルスは無駄を一切省き、その脳みそ（ＤＮＡかＲＮＡ）だけを細胞に侵入させるという徹底した効率ぶりを発揮し、情け容赦なく細胞を痩せ細るまでこき使って幾何級数的に自己複製します。そして、最後に搾り取った細胞の細胞壁を酵素破壊してトドメを刺し、破壊した細胞から脱出して次の獲物（標的細胞）に向かいます。このウイルスの行動は、有史以来人間がイノベーション（創造的破壊）を重ねて幾何級数的に成長してきた姿と酷似しています。

地球の最後は、ウイルスが細胞を崩壊に導くのと同様、エネルギーと物質を人間（Lu）に食い潰された後に、無慈悲に破壊される姿です。その前に人間は、当然のことながら、ヒトゲノム（全部でなく一部）を宇宙に送り出して自己救済するはずです。これは、ウイルスが最初の細胞を利用し尽くした挙句、次の標的細胞に向かうのとまったく同じ行動パターンです。

宇宙のいのちの原理の公理は自己複製による“生命の継続”だけと思われます。この原理を確認したければ、宇宙空間観測をしなくとも、電子顕微鏡を通してウイルスの増殖過程を観察することによってできます。1000 年後の人間と地球の姿は、今すぐ電子顕微鏡の中で投影することができます。人間がそれを正しく観察できないのは、見ることができないのではなく、真実を直視する姿勢と勇気がないだけです。勇気の有無でなく、そうさせない“宇宙意思”がヒトゲノムに内包されているのかもしれません。

このように考えていくと、人間が今できることは、速やかに地球上で最も実行可能な“Lu と Le の共存規則”を確立することです。それには、Lu が宇宙を彷徨う旅の途中で立ち寄った惑星（地球）に、Le という長期滞在の先住者がいることをまず認識することです。この仮定が“彗星パンスペルミア説”に最も近い理解です。となると、Lu にとっては、旅人のエチケットと考えることができます。

Lu は地球というホテルの短期宿泊者ですから、長期宿泊者の Le に迷惑がかからない程度の宿泊ルール（旅人エチケット）を自ら決めればいいわけです。それが前述の“旅人エチケット論”の実践としての“価格 1000 倍論”です。

Lu に最も有効にメッセージを伝える手段は、“貨幣による損得”でしかできないことが有史を通じて読み取れます。貨幣は国家や人種を超えた、人間の本性に共通する最も強力な言語です。貨幣は唯一人間が共有できる共通言語です。“貨幣言語”は、倫理、哲学、宗教、教育、法律等のすべてに優っています。貨幣言語という人類共通の情報媒体の発展が経済学の最大の功績かもしれません。

どんなにまずいお米であっても、それが最後の米粒であれば、米一粒を 100 億円で購入する人間はいます。その一方、ここにゴミを捨てるなという看板を立てようが、法律で規制しようが、塀を作ろうが、そこにゴミを捨てる人間は必ず現れます。しかし、ゴミを捨てたら 100 億円の罰金を科すという看板を立て法制化すれば、そこにゴミを捨てる人はいないと思われます。

人間が発明した第３の生存規則である自由放任主義と私有財産権を認める資本主義によって、地球は破壊と崩壊にいたります。従来の社会科学的な手法では、この崩壊を実証することはできません。しかし、分子生物学の知見を応用すれば、“資本主義の崩壊”をはじめて自然科学的な実証科学で証明することが可能になると思います。

電子顕微鏡でウイルスの増殖過程を観察し、ウイルスと人間との同根性を仮定すれば、今まで古典派経済学が頼りとしていた合理的な判断をする人間や行動経済学の人間モデルよりはるかに実証的な理論構築ができるようになると期待されます。

人間と資本主義を研究の対象とする（地球）経済学が前提とする等式は、実は、$E = M = G$ です。しかしながら、E が有限な地球においてこの等式は成立しません。それ故、前提が間違っている（地球）経済学は、地球上の人間が行う生活を科学する学問として存続する見込みはありません。したがって、第４の生存規則とは、皮肉なことですが、第３の生存規則の自由放任主義を踏襲したままの人間を宇宙の時空に置くことです。それによって、（地球）経済学は成立します。実はそれが“宇宙経済学”です。繰り返しになりますが、地球上では、$E \neq M$ ですが定常宇宙あるいは多元宇宙の時空では $E = M = G$ が成立します。そして、人間以外の地球上の生命Leは、E が有限であることをゲノム上で理解しているに違いありません。一方の人間（Lu）は E が無限大であるという夢想・幻想に取り付かれています。このLeと人間（Lu）が地球という惑星で共生するための第4の生存規則は、宇宙生命論（パンスペルミア説）を認識した上で、Luが旅人としての旅行のエチケットを実践するしかありません。つまり、“価格1000倍論”の実行です。

夜空に輝く星は我々（Lu）に宇宙生命による過去、現在、未来の存在理由（レーゾンデートル）の物語を語っています。LeはLuと違って賢明だからそんなことは百も承知です。だから夜空を見上げ感傷に浸ることはありません。しかし、人間（Lu）は $E = M = G$ という共同幻想[＊1-Ⅶ-3]を持っています。1000年後に地球を訪れた宇宙生命に、“人間という生命は、地球の歴史に一瞬生存していた。高度に発達した文明を築きその最後に経済学を発明し、それを盲目的に信じ自滅した”と書かれないためにも、21世紀の経済学者は、宇宙と地球の声に身も心も傾ける必要があります。

21世紀のInnovation

■パラダイム・シフト：地球の破壊から生命の持続
■システム：循環（低エントロピー）
■思想：デカルト的二元論からの離別

↓

日本思想（山川草木悉皆成仏）

以上を支えるInnovationが、21世紀型のイノベーション（Social Innovation）でなくてはならない。

足るを知る

祖母のズボン

＊1-Ⅶ-1　Luis Villareal「Viruses and the Evolution of Life」および F. Ryan「Virolution」
＊1-Ⅶ-2　山内一也『ウイルスと人間』。
＊1-Ⅶ-3　注1-Ⅱ-3参照

第2部

『彗星パンスペルミア』を読む

◆フレッド・ホイルとチャンドラ・ウィックラマシンゲの主張の年表

1950年代　フレッド・ホイルは、それまであり得ないと思われていた、宇宙空間 における炭素の生成「トリプルアルファ反応」を主張した。その主張通り、1950年の終わりまでに元素表にあるすべての元素が揃った。

1960年代　チャンドラ・ウィックラマシンゲは、それまで宇宙空間は、真空空間に無機物によってできているという定説「氷微粒子理論」を否定し、炭素化合物が存在すること「黒鉛粒子理論」を主張。

1970年代　宇宙空間には、その後補足されたフレッド・ホイルとチャンドラ・ウィックラマシンゲの主張の通り、有機化合物が豊富に存在することが、隕石の分析などから、明らかになった。

1978年　フレッド・ホイルとチャンドラ・ウィックラマシンゲは、宇宙からウイルスが地球に降下して来ることによって、ウイルス性感染症が発生している可能性「彗星パンスペルミア説」、「ウイルス天降感染」を主張。

1980年代　地球に届く光の分析（分光法）によって、星間雲を構成している星間塵微粒子が凍結乾燥された細菌（生物モデル）であることを示した（1981年）。その5年後に、ハレー彗星の観察から同様の結果が得られた（1986年）。このことから、宇宙に生命が存在する可能性を主張。

1995年に、スイスのグループによって、地球のような惑星がこの宇宙だけでも、ほぼ無限大にあることが判明。このことから、"かけがえのない地球"ではなく、ありふれた地球であることが示されることとなる。ビッグバンの名付け親であるフレッド・ホイルは、定常宇宙説・準定常宇宙説を主張し、ビッグバン宇宙説を否定。準定常宇宙を否定できるだけの科学的根拠は、未だなく、フレッド・ホイルが正しかったことになる可能性がある。

2003年、ヒトゲノムが完全解読された。これによって、地球上の生物の比較など、科学的な分析が可能になり、人間が、進化の結果、生命の頂点に立ったのではないことが、やがて納得のいく科学で証明されることとなる。

2001年7月25日　インド・ケーララ州に赤い雨が降り、この雨に含まれていた細胞の、紫外線と赤外線の分光法分析によって、これが星間雲の塵微粒子と同じであることが示された。また、DNAを含まないにもかかわらず、高圧的条件下で複製することも判明。その他赤い雨が降ったときの状況から、チャンドラ・ウィックラマシンゲは、この赤い雨が宇宙由来であると主張している。

2012年11月14日　スリランカのポロンナルワにインド・ケーララ州の赤い雨と同様の、赤い雨が降った。同様に、DNAは存在せず、その細胞壁からウランが発見されている。チャンドラ・ウィックラマシンゲは、これも宇宙由来であると主張している。

I　東西の偉大な哲学者

アリストテレスと釈迦牟尼

中国宋代の臨済宗僧・無門慧開(むもんえかい)によって編集された公案集[*2-I-1]である『無門関(むもんかん)』の中に“百尺竿頭坐底人(ひゃくしゃくかんとうにざするていひと)”という言葉があります。頂上を極めてふんぞり返って、もう下りてこようとしない人のことをいいます。自分の学説こそ唯一正しいと信じて疑わない学者のことでもあります。

今から2,500年ほど前、西洋ではアリストテレス（BC384-BC322年）が、そして、東洋では釈迦牟尼（BC6世紀かBC5世紀）が活躍していました。この二人がその後、人類におよぼした影響ははかりしれません。面白いことに、その主張は対照的です。

第1に、アリストテレスは、地球は宇宙の中心にあると唱えました（天動説）。釈迦牟尼は、地球を宇宙の中心においていません。それどころか宇宙をほぼ無限の広がりとみて虚空に浮かべています。[*2-I-2]

第2に、アリストテレスは、生命は地球上で自然発生した（自然発生説）と、いくつかの例をあげて説明しています。一方、釈迦牟尼は、生命は輪廻する。つまり、生命をはじまりも終わりもない継続するものとみています（定常宇宙観）。どちらが正しかったのか。これは、現代の科学があらゆる観察と実験と精密な数学的分析を総合した“厳格な科学”によって明らかにすることです。

＊2-Ⅰ-1 禅宗において悟りを開くための課題として与えられる問題集。
＊2-Ⅰ-2 釈迦牟尼没後（約1000年）、世親を作者とする仏教論書の「具舎論」では、仏法でいう世界の構造を“虚空”に“風輪”を浮かべその上に“水輪”そして“金輪”を置き、さらに“須弥山（しゅみせん）”をのせています。

Ⅱ 天動説から地動説へ

アリストテレスの第1の呪縛は、“宇宙の中心は地球である”という考えです。これは“厳格な科学”によって裏付けられたものではありません。それにもかかわらず、アリストテレスが唱えた「天動説」は16世紀にニコラウス・コペルニクス（1473－1543年）が「地動説（1543年）」を提唱するまで、不動の西欧自然哲学として1800年以上もの間君臨していました。アリストテレスより約70年遅れてアリスタルコス（BC310 － BC 230年）が「地動説」を唱えましたが、アリストテレスが築いた“西欧自然哲学”は、微動だにせず科学の教条として存在し続けました。まさに、アリストテレスの“百尺竿頭坐底人”です。

表１ 「天動説」から「地動説」の歴史的な流れ

宇宙の中心は中心火	フィロラオス（BC470-BC385年）	宇宙の中心に中心火があり、すべての天体はその周りを公転する。
宇宙の中心は太陽	プラトン（BC427-BC347年）	善のイデアである太陽が宇宙の中心にある。
世界の中心に地球がある	アリストテレス（BC384-BC322年）	地球の外側に月、水星、金星、太陽、その他の惑星等が同心円上の階層構造をしている。
「地動説」をはじめて唱えた（Heliocentrism）	アリスタルコス（BC310-BC230年）	太陽を中心に据え、惑星の配置を正確に示し、“科学”としての“太陽中心説”を唱えた（BC280年）。
「天動説」を体系化（Geocentrism）	クラウディオス・プトレマイオス（83 -168年頃）	「アルマゲスト」で地球中心の宇宙を唱えた。天文学を数学的に体系付け、実用的な計算方法を示した。
「地動説」	ニコラウス・コペルニクス（1473年-1543年）	天体の回転について（1543年）。各惑星の公転半径を地球の公転半径との比で決定。
コペルニクスの「地動説」を支持	ヨハネス・ケプラー（1571-1630年）	「宇宙・神秘（1597年）」。ティコ・ブラーエの膨大な観測記録を元に公刊。
「地動説」を支持する証拠を示した	ガリレオ・ガリレイ（1564-1642年）	「慣性の法則」の発見。木星の衛星の発見。“ガリレオ裁判”によってトスカーナの別荘に軟禁。“それでも地球は回っている”と呟いたとされている。「天文対話（1632年）」、「新科学論議（1638年）」。
「地動説」を強固に支持し、1600年に火刑に処された	ジョルダーノ・ブルーノ（1548-1600年）	異端審問の結果火刑。太陽も地球も特別な存在でないと主張。
1992年に正式に「天動説」を放棄し「地動説」を承認	ローマ教皇庁およびカトリック	ガリレオ・ガリレイ死後、359年を経てガリレイに対する異端決議は解かれた。

Ⅲ　生命起源に関する諸説

Ⅲ－1　自然発生説

アリストテレスの第2の呪縛は、“生命は地球上の池（クニドス近くの池）で自然発生した”という「自然発生説」です。これは自然現象の観察から導き出しただけであって“厳格な科学”ではありません。「自然発生説」は、紀元前6世紀のアナクシマンドロスとアナクシメネスが提唱、そして紀元前4世紀のアリストテレスへと受け継がれました。

表2 「自然発生説」の歴史概要的な流れ

「自然発生説」を最初に提唱	アナクシマンドロス（BC611－BC547年）	生物は、太陽の働きによって、湿った土から自然に発生する。
生命の「進化論」を最初に提唱	同上	人類の幼年期は長い。そのもとは魚のような生物。
生命の仲立は空気	アナクシメネス（BC540年頃）	生命誕生の仲立は空気である。
アナクシマンドロスの自然発生説を補足	アリストテレス（BC384－BC322年）	アナクシマンドロスの提唱にいくつかの観察などを加えた。

Ⅲ－2　自然発生説の否定

約 2,400 年という長きにわたり君臨した議論に最終的な結論を出したのはルイ・パスツール（1822－1895 年）の有名な「白鳥の首フラスコ実験」です。これにより“生命は生命からしか生まれない（*Omne vivum ex vivo*）”ということが証明されました。アリストテレスの「自然発生説（生物が親なしで無機物質から一挙に生まれる）」は実に約 2,400 年にわたり、“科学”の教条として存在していたことになります。

表 3　「自然発生説」を否定する歴史的な流れ

「自然発生説」に対するはじめての反証	フランチェスコ・レディー（1626－1697 年）	「昆虫の世代についての実験」でウジのもととなる生命は自然発生するのでなく、大気から入ってくることを実験で示した。
微生物の発見（1672 年）	アントニ・ファン・レーウェンフック（1632－1723 年）	自作の顕微鏡を使って微生物を観察。「微生物学の父」。ヨハネス・フェルメール（画家）の遺産管財人でもある。
微生物の自然発生を実験的に否定	ラザロ・スパランツァーニ（1729－1799 年）	ジョン・ニーダムの微生物の自然発生（1745 年）を、汚染が起きない実験方法によって否定。
「白鳥の首フラスコ実験」によって自然発生説を完全否定（1861 年）	ルイ・パスツール（1822－1895 年）	“生命は生命からしか生まれない（*Omne vivum ex vivo*）”。生命の起源に関しては、実験的には証明できるものではない。「自然発生説の検討（1881 年）」。
パスツールの実験を支持（1874 年）	ヘルマン・フォン・ヘルムホルツ（1821－1894 年）	パスツールの実験は正確に科学的手法である。生命は物質と同じように古いものではないか。

注：『Nature』（1870 年創刊の科学誌）は、社説で地球外の生命誕生説に熱心に反論。パスツールの主張が正しいとすると生命の起源は宇宙ということになる。それに対し Nature は（今も）反対。

Ⅲ－３ 生気説

「自然発生説」に追加される形で「生気説」は出現しました。「生気説」では“精神または霊”によって生命が発生したと想定しています。このように生物は、無生物とは異なることを示唆しています。

表４ 「生気説」の歴史的な流れ

霊に関する はじめての考え	クラディウス・ガレノス （129－216年）	人間は、大気から生命を与える物体を吸い込んでいる。
デカルトの「二元論」	ルネ・デカルト （1596－1650年）	精神と物体との区別を洗練させた。
尿素の合成（ヴェーラー合成、1828年）によって「生気論」は注目されなくなった	フリードリヒ・ヴェーラー （1800－1882年）	無機化合物（シアン化アンモニウム）から有機化合物（尿素）を合成した。
“エンテレヒー”の存在による生物の生命を説明	ハンス・ドリーシュ （1867－1941年）	有機的プロセスを制御する物体として“エンテレヒー”を説明。
“エラン”の仮説	アンリー・ベルグソン （1859－1941年）	不活性物質が“エラン”によって生物として形成される。

Ⅲ－４ 自然発生説の再来（化学進化説）

紀元前４世紀にアリストテレスが提唱した「自然発生説」は、19世紀にいたり、ルイ・パスツールによって科学的に否定されました。しかし、20世紀に入り「化学進化説」によって再び振り出しに戻りました。

「化学進化説」は、ロシアの科学者A. I. オパーリン（「地球上における生命の起源（1922年）」）とイギリスの生物学者J. B. S. ホールデン（1928年）が提唱しました。生命の究極の祖先は、無機化学物質でなければならないという前提に立って、それに基づいたモデルを示しました。原始地球構成物質である無機物から低分子有機物が生じ、それらが重合して高分子有機物が形成された。その結果、原始海洋に“原子スープ”が作り出され、その中から生命が誕生したと想定しました。

オパーリンの唱えた「化学進化説」では、その第一段階で低分子有機物である窒素誘導体が形成されるとされました。それをシカゴ大学のハロッド・ユーリーとスタンリー・ミラーは、実験的に検証しました（1953年）。しかしながら、その後の研究によって、原始地球の大気は、二酸化炭素、窒素と水蒸気であることが判明しました[*2-Ⅲ-1]。さらに、原始地球の大気は、高分子有機物が存在するのに不都合な酸化状態であることが明らかになり、地球上の「化学進化説」は否定されました。

Ⅲ－5　パンスペルミア説

「自然発生説」に対抗する生命の誕生に関する有力な仮説は、「パンスペルミア説」です。「自然発生説」は、基本的に

“地球中心宇宙論”に基づいています。ギリシア・サモス島の天文学者で数学者のアリスタルコス（BC310 - BC230年）は、「自然発生説」に対し、「パンスペルミア説」を提唱しました。「パンスペルミア説」とは、生命は宇宙に広く存在している。と同時に、生命の起源は宇宙のどこかでたった一度だけ発生[*2-Ⅲ-2]した、という前提に立っています。

紀元前4世紀といえば、その前の紀元前5世紀のペロポネス戦争（BC431 - BC404年）によってアテネがスパルタに負け、ギリシアの力が衰えていった時代です。そしてついに、紀元前338年にギリシアは、マケドニアに併合されます。アリストテレスは、このマケドニア王の家庭教師（師伝）をしていました。当時の“厳格な科学”のレベルでさえ、アリスタルコスが唱えた「パンスペルミア説」の方が正しいと考えた学者は多かったと思われます。それにもかかわらず、「パンスペルミア説」は封印された可能性があります。このように“社会学”が“科学（科学的事実）”に先行したことによって、人類は、ほぼ2,000年にわたり“地球が宇宙の中心にある”というアリストテレスの「人間中心主義」と“百尺竿頭坐底人”に付き合わされたことになります。また、生命の起源については、今日にいたるまで、約2,400年間という長期間、「自然発生説」という、“厳格な科学”に反する仮説に束縛され続けました。「パンスペルミア説」に対する、非科学的な否定のほとんどが、アリストテレスの“百尺竿頭坐底人”に帰すると言っても過言ではありません。一方の、釈迦牟尼の定常宇宙観は、現代の“厳格な科学”によって、正しい見識であったことが証明される可能性を秘めています。

アリスタルコスが提唱した「パンスペルミア説」は 18 世紀初頭にドイツの医師 R. E. リヒターが、生きた細胞が隕石に含まれた状態で、惑星から惑星へと移動した可能性「隕石パンスペルミア説」を示唆するまで、約 2,000 年間封印されていました。この提唱に対し、19 世紀後半に J. ツェルナーが運動力学の立場から反論しました。しかし、ウィリアム・トムソン（ケビン卿）は、真っ向からツェルナーに反論し、リヒターの提唱した「隕石パンスペルミア説」を擁護しました。ケビン卿の主張は、「巨大な隕石の外側では蒸発が起こることによって隕石の内部は低温に保たれる。したがって、隕石内部に潜んでいる生命は生き延びる。また、隕石の宇宙空間衝突で生じる衝撃は、大量の残骸があらゆる方向に飛散することで、小さな衝撃としかならない。したがって、宇宙空間を漂う無数の隕石によって生命の胚種が地球に運ばれてくる可能性は、極めて高い」というものです。

20 世紀初頭には、スウェーデンの科学者スヴァンテ・アレニウス（1903年、ノーベル化学賞）が、微生物は恒星の光の圧力を受けて惑星間を移動することができる（「光放射圧パンスペルミア説」）と『世界のなりたち』（1908年）の中で提唱しました。また、地球上で発見される微生物（極限環境微生物など）には、地球環境による自然淘汰では説明することが不可能な特性があることも指摘しています。

フレッド・ホイルとチャンドラ・ウィックラマシンゲは、『彗星パンスペルミア』の前章となる理論を20世紀中ごろから提唱しました。まず、生命が宇宙で誕生するためには、炭素が生成され、その炭素が宇宙空間にあまねく存在していなくてはなりません。その基礎理論（トリプルアルファ反応とホイル状態、1946年）をフレッド・ホイルが提唱しました（Ⅴ－1参照）。恒星内部で生成された元素は、星間空間に拡散され星間塵微粒子やガスとなっています。チャンドラ・ウィックラマシンゲは、星間塵微粒子が氷と無機物でできているという説（氷微粒子理論）を否定し、黒鉛粒子であると主張しました（「黒鉛粒子理論」、1962年。Ⅴ－2参照）。その後、この黒鉛粒子は、有機物（重合微粒子や芳香族分子）に転換されました（1974年）。1969年から星間塵微粒子の有機物・生物モデルを主張し、ついに1980年、1981年（Ⅴ－3参照）と1986年（Ⅶ－4参照）に「生物モデル」が実証されるにいたり、「彗星パンスペルミア説」はほぼ証明されたといえます。

1981年には、フランシス・クリックとレスリー・オーゲルは、人工的に設計された生命系が、意図的に地球上に生命の胚種を送り込んだとする「意図的パンスペルミア説」を唱えました。地球上に豊富に存在するクロムとニッケルが重要な役割を果たさず、希少なモリブデンが必須となっていること、そして、遺伝暗号が驚異的な共通性をもっていることをその根拠としています。

＊2-Ⅲ-1　スタンリー・ミラーは水素分子、メタン、水とアンモニウムの混合気体を使用した。

＊2-Ⅲ-2　系統樹の根に近づくほど、重要な遺伝子の変化を根拠に、相関を決定することが困難になっていく。多くの研究者は「LUCA（Last Universal Common Ancestor）」の存在に対し否定的。遺伝子の根源的な集合体として「パンゲノム」の概念に移っている。

表５　パンスペルミア説の歴史的な流れ

「パンスペルミア説」をはじめて提唱	アリスタルコス(BC310－BC230年)	アリストテレスの地球中心的宇宙論と「自然発生説」を否定。「地動説」と「パンスペルミア説」を提唱。
隕石内の生物は惑星移動できる	R. E. リヒター	生きた細胞が隕石に含まれた状態で惑星間移動する。J. ツェルナーが反論(1870年)。
隕石中に生物は存在できる。無数の隕石によって生命の種子が宇宙空間にまき散らされている。	ウィリアム・トムソン(ケルビン卿)(1824－1907年)	J. ツェルナーの反論を運動力学の観点から否定。リヒターを擁護。
「光放射圧パンスペルミア説」Worlds in the Making(宇宙発展論 1903年)	スヴァンテ・アレニウス(1859－1927年)1903年ノーベル化学賞	恒星の光の圧力を受けて、微生物は惑星から惑星へ移動できる。微生物には、地球環境での選択を超えた特性がある。
「彗星パンスペルミア説」(1976年)彗星内部に微生物が存在し、それが地球生命のもととなった。 ①「トリプルアルファ反応」「ホイル状態」(1946年) ②「黒鉛粒子理論(1962年)」 ③「重合微粒子・芳香族分子理論(1974年)」 ④「彗星パンスペルミア説」の最初の提唱 ⑤「生物モデル」(モデル化提唱1969年、1980年および1981年星間塵微粒子の観測、1986年ハレー彗星の観測)	フレッド・ホイル(1915－2001年) チャンドラ・ウィックラマシンゲ(1939年－)	「トリプルアルファ反応(1946年)」によって、炭素元素をはじめとして、すべての元素生成の理論的解明をした。その実証によってファウラーは1983年にノーベル物理学賞を受賞した。チャンドラ・ウィックラマシンゲは、星間塵微粒子(星間雲)が、H. C. ファン・デ・フルストが提唱した氷と無機物でなく、有機物であることを示した(1974年)。さらに、ホイルとウィックラマシンゲは共同研究によって、星間塵微粒子は生物および生物分解生成物(「生物モデル」)であると提唱し、彗星によって宇宙に拡散されていると唱えた。
「意図的パンスペルミア説」(1981年)	フランシス・クリック(1916－2004年) 1962年ノーベル生理学・医学賞	地球外の高度に発達した生命体が意図的に創造した生命胚種を宇宙空間にまいた。

Ⅳ　生命誕生という奇跡

Ⅳ－1　無機物から有機物は可能（しかし、有機物から生命誕生はほとんど不可能）

無機物から有機物は様々な環境で、かなり容易に生成されます。しかしながら、有機物から“代謝”と“自己複製”を行う“生命”にいたることは、極限的に低く、ほとんど“奇跡的な”事象です。その可能性は、超天文学的な、ほとんどあり得ないほど低い確率です（Hoyle and Wickramasinghe, 1980, 1982）。フレッド・ホイルは、その比喩として“廃品置き場を竜巻が通り抜けた後にボーイング747ができ上がっていたようなもの”と言いました。チャンドラ・ウィックラマシンゲは、星間塵微粒子（星間雲）が、H. C. ファン・デ・フルストが提唱した氷と無機物（氷微粒子理論）でなく、有機物であることを示しました。さらに、ホイルとウィックラマシンゲは共同研究によって、星間塵微粒子は生物および生物分解生成物（「生物モデル」）であると提唱し、彗星によって宇宙に拡散されていると唱えました。

Ⅳ－２　有機物からの生命誕生は超天文学的に低い確率

さて、それではその超天文学的に低い確率とはどれ程のものでしょうか。生命の基本は“代謝”と“複製”です。その機能の根本となる有機高分子は、タンパク質です。タンパク質の生成にとって重要な、あらゆる化学プロセスを促進する働きをするのが“酵素”です。その酵素をつくっているのが、地球上の生命では“20個のアミノ酸”です。アミノ酸は生物遺伝情報（ＤＮＡ）をつくっている“４つの塩基”、G（グアニン）、C（シトシン）、A（アデニン）、そしてT（チミン）の中の“３つ”によってコード化されています。

さて、その酵素によって特定のタンパク質ができる確率計算を以下に示します（Evolution from Space, Chapter 2, Fred Hoyle and Chandra Wickramasinghe, 1981.「生命ＤＮＡは宇宙からやってきた」2010年p80－81より）。

> 特定の機能を持つ酵素を作るためのアミノ酸の配列は、１番目から100番目まで決まっている。まず、１番目のアミノ酸を正しく選ぶ確率が1/20で、２番目のアミノ酸を正しく選ぶ確率も1/20だから、最初の２つが正しく作れる確率は1/20の２乗で、1/400だ。これを100番目まで繰り返すのだから、答えは1/20の100乗で、だいたい$1/10^{130}$だ。

$$\underbrace{(1/20)(1/20)(1/20)\cdots\cdots(1/20)}_{100\text{個}} = (1/20)^{100} \fallingdotseq (1/10)^{130}$$

と言いたいところだが、これではあまりにも条件が厳しい。酵素を作るためのアミノ酸の配列は、1 番目から 100 番目まで決まったものである必要はない。アミノ酸の中には似たようなものがあるから取り替えがきく部分があるし、特定の部分さえ決まった形になっていれば、なんとか機能できるからだ。

そこで、(少々基準がゆるやかすぎるかもしれないが)100 個のアミノ酸からなる鎖の中の 15 か所で特定のアミノ酸を使っていれば合格としよう。問題の 15 か所についてアミノ酸を正しく選ぶ確率は、それぞれ 1/20 であるから、なんとか酵素として機能できるタンパク質ができる確率は、1/20 の 15 乗で、これはおよそ $1/10^{20}$ である。

$$\underbrace{(1/20)(1/20)(1/20)\cdots\cdots(1/20)}_{15\text{個}} = (1/20)^{15} \fallingdotseq (1/10)^{20}$$

最初の数字に比べれば、かなり身近な数字である。しかし、これで安心してはいけない。なぜなら、バクテリアからヒトまでのすべての生物が生きてゆくためには、2,000 種類以上の酵素が必要なことを、我々は知っているからだ。これらのすべての酵素がランダムな過程から生じる確率は、$1/10^{20}$ を 2,000 乗した数、すなわち $1/10^{40,000}$ である。分母の 10 の 4 万乗という数字は、「天文学的数字」どころか、「超天文学的数字」である。この数字は、最高の性能の望遠鏡で宇宙を観察したときに見えるすべての素粒子の数を軽く超えている。

この $10^{40,000}$ という数値を秒数と仮定すると、$10^{40,000}$ 秒とはどのくらいの大きさだろうか。この宇宙の創成から今日までの 138 億年を秒数に置き替えて、それと比較してみます。138 億年は、138 億年× 365 日 / 年× 24 時間 / 日× 60 分 / 時× 60 秒 / 分です。これは、4.35×10^{17} 秒となります。[*2-Ⅳ-1]これを、計算を簡単にするため 10^{18} 秒とします。したがって、この宇宙（universe）の創成から今日までの秒数の約 $10^{40,000-18}$ 倍、つまり、$10^{39,982}$ 倍の時間が必要となることになります。別の言い方をすると、最短でも約 $10^{39,982}$ 個の宇宙が必要となります。

もっと単純なリボ酵素（触媒として働くＲＮＡ）で同様の計算をしてみます。リボ酵素をつくるためには 300 個の塩基が正しく配列されなくてはならないと仮定すると、この確率は、4^{300} 分の 1 となります（4 つの塩基の中から 1 つを正しく選択して、300 か所配列する）。これは約 10^{180} 分の 1 です。[*2-Ⅳ-2]これを宇宙創成から今日までの秒数、約 10^{18} 秒で割ると、約 10^{180-18} 倍、つまり約 10^{162} 倍の時間と宇宙が必要になります。

“酵素”をつくるだけでもこのような超天文学的な倍数となります。一つの生物をつくるには、酵素以外に様々な種類のたんぱく質が必要です。さらに、“核酸（リン酸、糖、塩基よりなるＤＮＡやＲＮＡ）”も必要です。したがって、地球上の原始海洋につくりだされた有機物のたまり場の“原始スープ”程度では、生命が誕生する可能性はまったくありません。

このように考えると、一つの宇宙で生命を確実に誕生させるためには、10^{162} 〜 $10^{39,982}$ 個以上の宇宙（universe）が必要となります。このように生命の誕生の確率を考えていくと必然的に多元的宇宙モデル（multiverse）を選択することになります。多元的宇宙モデルのような開いた宇宙論であれば、物質が無限に存在しますから、超天文学的で不可能ともいえる、あり得ないような生命の誕生が起こる可能性があります。その結果、生命がある時ある所で誕生し、宇宙のいたる所に拡散し存在することになります。

＊2-Ⅳ-1　$1.38 \times 10^{10} \times 3.65 \times 10^{2} \times 2.4 \times 10^{1} \times 6.0 \times 10^{1} \times 6.0 \times 10^{1} \fallingdotseq 435 \times 10^{15} = 4.35 \times 10^{17}$（$\fallingdotseq 10^{18}$）

＊2-Ⅳ-2　$4^{300} = 2^{2 \times 300} = 2^{600}$、$2^{600} = 10^{X}$、$600\log 2 = X\log 10$、$\log 2 = 0.301$、$\log 10 = 1$、$X = 600 \times 0.301$、$X \fallingdotseq 180$
故に $4^{300} \fallingdotseq 10^{180}$

Ⅴ　宇宙で生命が誕生する条件

Ⅴ－１　炭素合成（トリプルアルファ反応とホイル状態）

多元的宇宙モデルにおいてさえ、生命の誕生は、超天文学的な非可能性に近く、“奇跡的”な事象です。約 138 億年と推定される我々がいるこの宇宙で、生命が誕生した可能性は限りなくゼロです。いわんや、その 1/3 の時間しか経過していない、約 46 億年の歴史しかない地球において生命が自然発生したと考えることは確率的にあり得ないことです。地球上に宇宙から、生命の素材が、いかなる無機物であろうが有機物であろうが、飛来しようともです。繰り返しになりますが、有機物から生命への飛躍は、先の計算に従うと最小でも 10^{162} 分の１から $10^{39,982}$ 分の１の確率です。

この通りに地球上で生命が誕生したのでなければ、宇宙ということになります。しかし、つい最近までその可能性すら検証しない風潮がありました。そのような時代に彗星のごとく登場したのがフレッド・ホイルとチャンドラ・ウィックラマシンゲです。

生命にとって最も重要な化学元素は“炭素”です。“炭素”がなければ我々が知っているような生命は存在しません。したがって、“炭素”は生命が誕生する以前から宇宙に存在していなければなりません。しかし、1930年代には、ヘリウム4の原子核が3個結合して炭素12になるという反応は起こらないと考えられていました。フレッド・ホイルは、1946年にこの核反応が起こると主張しました。これを、「トリプルアルファ反応」といいます。フレッド・ホイルに説得された、カリフォルニア工科大学のW. A.ファウラーは、トリプルアルファ反応を実証し、1983年にノーベル物理学賞を受賞しました。フレッド・ホイルのこの理論的予言によって、1950年代には、元素周期表にあるすべての元素が揃いました。それにもかかわらず、なぜか、フレッド・ホイルはノーベル賞を（ファウラーと共に）受賞しませんでした。生物が必要とするすべての化学元素は、フレッド・ホイルが示した通り恒星内部で誕生し、宇宙に拡散しました。

V－2　星間塵微粒子の構成物は無機物ではない

宇宙空間に拡散した化学元素は、星間雲（星間塵微粒子の雲）やガスとなります。星間雲やガスは、宇宙（銀河の中）のいたるところに大量に存在しています。1960年代には、星間の塵微粒子は氷と無機物でできていると考えられていました。H. C.ファン・デ・フルストが提唱したこの「氷微粒子理論」

は、1961年時点では絶対不変のものでした。しかし、この仮説は、赤外線波長による天体観測と一致しません。そこで、フレッド・ホイルとチャンドラ・ウィックラマシンゲは、1962年に「黒鉛粒子理論」を提唱しました。その後、天体観測と計算技術の向上にしたがって、「黒鉛粒子理論」から“重合微粒子や芳香族分子を成分とする”理論へと転換し（Wickramasinghe, 1974, Hoyle and Wickramasinghe, 1977）、そして最終的に、凍結乾燥し中空となった細菌の「細菌モデル（生物モデル）」を主張するにいたりました。

Ⅴ－3　星間塵微粒子の構成物は有機物（生物とその分解生成物）である

この「生物モデル」は1980年から1981年にオーストラリアのアングロ・オーストラリアン天文台の望遠鏡を使ったダヤル・ウィックラマシンゲとデイビッド・アレンによる放射源GC-IRS7から得られた観測データによって検証されました。これは、GC-IRS7の星間塵微粒子から地球に届いた光の波長（分光スペクトル）を分析することによって、その化学組成等を確認する分光法にしたがったものです。

2.8～4.0 μm波長域[*2-Ⅴ-1]（2,175Å）での吸収で、凍結乾燥し中空となった細菌（「生物モデル」）と星間塵微粒子（「塵モデル」）

の分光スペクトルが一致しました（Wickramasinghe, 1991）。

図1　GC-IRS7の赤外線スペクトル

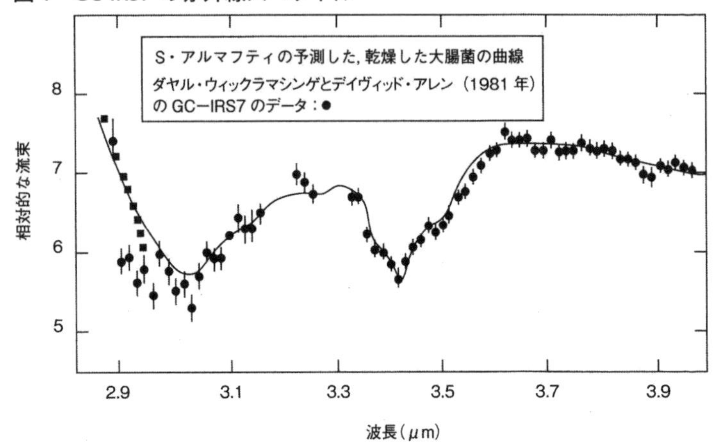

波長2.8～4μmで、乾燥微生物との一貫性を示す。
（データ点はAllen and Wickramasinghe,1981より）

3.3～22μm間の波長域に一連の未同定赤外線放射体（UIB）が存在します。これは、銀河系（天の川）と系外銀河の星間塵微粒子からも見出されています。これも生物由来の芳香族分子と成分（生物とその分解生成物）であるとチャンドラ・ウィックラマシンゲは考えています。その理由は、3～4μm、8～14μmそして18～22μmの波長域に有機物や有機重合体が圧倒的に多いからです（Hoyle and Wickramasinghe, 1991）。

可視波長帯の元は、F. M. ジョンソンが40年近く前に提案した通り“生物色素”が最も有力です。広域赤色輻射（ERE）については、葉緑体やフィトクロムなどの生物学的発色団（色素）の蛍光挙動に基づいて説明が可能です。いずれも「生物モデル」です。

以上の通り、星間塵微粒子は、生物型物質（生物および生物の分解生成物）である可能性が高いといえます。

＊2-Ⅴ-1　光の波長域：近赤外線（0.7 μm ～ 2.5 μm）、中赤外線（2.5 μm ～ 4.0 μm）、遠赤外線（4.0 μm ～ 1,000 μm）、可視光線（紫から赤紫：400nm ～ 800nm）、紫外線（100nm ～ 400nm）

Ⅵ　宇宙生命の証拠

Ⅵ－1　宇宙の基本構成

我々のこの宇宙には、1千億個を超える銀河があると推定されています。そして、銀河の中には、恒星[＊2-Ⅵ-1]が数千億個以上ある[＊2-Ⅵ-2]と考えられています。恒星の回りには、地球のように恒星を周回する惑星があります。衛星は、惑星[＊2-Ⅵ-3]を周回しています。銀河の中には、恒星、惑星、衛星以外に“小天体（小惑星や彗星や隕石）”や星間塵微粒子が集合した星間雲（暗黒星雲とか散光星雲など）があります。

Ⅵ－2　星間塵微粒子が出発点（彗星は星間塵微粒子から誕生）

銀河の星間雲の中から、太陽（恒星）とその惑星とその小天体によって構成される恒星系が誕生します。最初に凝集して固定となるのは彗星（小天体）です。その後それらが衝突を繰り返して恒星と惑星が形成されます。星間塵微粒子は、星間雲の親であり、星間雲は恒星系の親といえます。大きな恒星は寿命を迎えると超新星爆発をして、宇宙空間に化学元素をまき散らします。それが再び凝集して星間雲になります。

Ⅵ－3　星間塵微粒子と「生物モデル」の一致

繰り返しになりますが、重要なことなので再度補足します。フレッド・ホイルは、宇宙生命の出発点ともいえる炭素（無機物の化学元素）が宇宙空間において生成される理論を提唱しました。[*2-Ⅵ-4] そして、元素周期表にあるすべての元素が恒星内部で誕生することを示しました。宇宙で炭素が生成されないのであれば、宇宙で生命が誕生することはありません。また、その炭素が広範にわたって宇宙に分布[*2-Ⅵ-5]していない限り、宇宙で炭素（無機物の化学元素）から有機物そして生命という展開はありません。

チャンドラ・ウィックラマシンゲは、星間塵微粒子は、氷と無機物によって構成されているという、それまでの定説を覆し、炭素から成る元素鉱物であると提唱しました。[＊2-Ⅵ-6] 後に、フレッド・ホイルとチャンドラ・ウィックラマシンゲは、まず星間塵微粒子が有機物であることを提唱しました。[＊2-Ⅵ-7] そしてついに星間塵微粒子の約30%は、生物および生物の分解生成物であることを天体観測データによって示しました。[＊2-Ⅵ-8][＊2-Ⅵ-9]

Ⅵ－４　彗星の「生物モデル」の観測

星間塵微粒子の少なくとも1/3の炭素が細菌（生物）およびその分解生成物 であるとすると、そして、そこから最初にできたのが彗星となると、彗星の中に細菌（生物）が含まれていることは、当然のことと思われます。[＊2-Ⅵ-10]

彗星に対する理解の歴史を整理すると、次ページの表のようになります。

表6

彗星の汚れた雪玉パラダイム（1960年代）	F.ホイップルが提唱した汚れた「雪玉パラダイム」。つまり、彗星は、凍った水、メタン、アンモニアそしてケイ酸塩の塵からなる、幅10kmの塊である。
雪玉パラダイムの否定（1970年代初め）	1970年代初めに、電波天文学者の観測により、彗星からホルムアルデヒト（H_2CO）、シアン化メチル（CH_3CN）、シアン化水素（HCN）の分子が発見された。これによって、F.ホイップルの汚れた「雪玉パラダイム」は後退した。
彗星核の有機物説（1970年代中頃）	1970年代中頃に、ヴァニセクとチャンドラ・ウィックラマシングは、彗星核の大部分は有機物質からできている。そして、彗星が太陽に接近すると、有機重合体が表面に露出し、小さな分子単位に分割されるという説を提唱した。
彗星の「生物モデル」（1970年代後半）	1970年代後半に、フレッド・ホイルとチャンドラ・ウィックラマシングは、彗星核の有機重合体説をさらに一歩すすめて、星間塵微粒子そして、そこから凝集した彗星は、細菌（生物）およびその分解生成物からできているという説（「生物モデル」）を提唱した。
彗星の「生物モデル」の実証（1981年および1986年）	彗星に細菌（生物）およびその分解生成物が含まれていることの観測は、1981年および1986年3月31日のアングロ＝オーストラリアン天文台の望遠鏡を使った、ダヤル・ウィックラマシングとデイビッド・アレンの観測*によって実証された。

＊ハレー彗星から放出される塵の赤外線（分光）スペクトルは、凍結乾燥した細菌が発する分光スペクトルと完全に一致した。この観測時のハレー彗星は、一日あたり100万t以上の細菌型の塵を放出していた。

原子や分子は、特定の光の波長（分光スペクトル）を放出したり吸収したりします。星間塵微粒子から地球に届いた光の波長を分析することによって、星間塵微粒子の化学組成を知ることができます（分光法）。

V-3で説明した通り、星間塵微粒子と凍結乾燥された細菌の赤外線スペクトルの一致は、1980年から1981年にかけて、ダヤル・ウィックラマシングとデイビッド・アレンによって観測されています。この２つの観測により、星間塵微粒子および彗星の「生物モデル（細菌およびその分解生成物）」は、実証されました。その後の多くの彗星観測は、いずれもこの見解を支持するものです。[＊2-Ⅵ-11]

Ⅵ－５（１）　隕石の「微生物化石」の形成

隕石の起源となる星間塵微粒子から誕生した天体（その破片が隕石となる）は、生物（微生物）の複製にとって理想的な場所を提供しています（彗星も同様）。このことは、Ⅵ－５（2）で説明されている通りです。天体（主に彗星）の中で栄養分と科学的エネルギーを与えられた微生物は非常に短期で増殖し、その後凍結乾燥された状態で天体内に閉じ込められます（Ⅶ－１参照）。天体（彗星）の外層が少しずつはがれていき、それ（破片とそれに含まれる微生物）が宇宙空間にまき散らされていきます。一方、天体（彗星）が近日点通過を繰り返すうちに、天体（彗星）から揮発性物質が放出されます。その結果、天体（彗星）に含まれる鉱物粒子は固結し、その過程において、内部に残っていた微生物は、効果的に堆積し“化石（微生物化石）”となります。

Ⅵ－5（2） 隕石の「微生物化石」発見と報告

地球に飛来し回収された隕石から複雑な有機物質が発見されています。もし、生きた微生物が発見されれば、生命は宇宙から飛来したことになります。生きた微生物でなくとも、微生物の化石が発見されれば、地球外生命の証拠となります。次ページ表“隕石中の微生物化石に関する発見と議論”に、微生物化石の最初の必要報告から今日にいたるまでの経過を示します。

＊2-Ⅵ-1 太陽のように核融合反応によって自ら輝く星。
＊2-Ⅵ-2 矮小銀河には1,000万個位の恒星がある。巨大銀河には、数千億個位の恒星がある。
＊2-Ⅵ-3 惑星は、その大きさによって惑星と準惑星に分類される。
＊2-Ⅵ-4 「トリプルアルファ反応」
＊2-Ⅵ-5 この要件は、“炭素”原子の短時間の励起状態（「ホイル状態」）という。
＊2-Ⅵ-6 「氷微粒子理論」。
＊2-Ⅵ-7 「黒鉛粒子理論」。
＊2-Ⅵ-8 多環芳香族炭化水素（PAH）など。
＊2-Ⅵ-9 星間塵微粒子の「生物モデル」。
＊2-Ⅵ-10 ハレー彗星から放出される塵の赤外線（分光）スペクトルは、細菌が発する分光スペクトルと完全に一致した。この観測時のハレー彗星は、一日当たり100万t以上の細菌型の塵を放出していた。
＊2-Ⅵ-11 彗星観測による「生物モデル」の支持（94ページ表参照）。

表７　隕石中の微生物化石に関する発見と議論

炭素質コンドライト隕石からの最初の微生物化石の発見報告（1961年）。	G. クラウスとB. ネイギー	オルゲイユ隕石（1864年）とイヴナ隕石（1938年）。電子顕微鏡によって細胞壁や鞭毛や各組織によく似た構造が観察された。
隕石からブタクサ花粉による汚染が発見。	—	—
隕石に含まれる“有機元素”または“微生物化石”の生物学的性質に異論。		非生物学的プロセスによって鉱物微粒子が有機分子の膜を獲得したという異論。
クラウスは重圧に負けて、説を翻した。	G. クラウス	異論は何の科学的根拠もなく“ミツバチのダンス”のように広がった。
ネイギーは“ありうる”というヒントを自著に暗示して引退。	B. ネイギー	ガリレオの*Epur si move*（それでも動く）と同様。
炭素質コンドライト隕石の再検証（1984年）。	ハンス・D・プフルーク	マーチソン隕石の微生物の化石を再検証した。
ALH84001（火星起源の隕石）の内部に炭素塩小球体と複雑な有機物を発見（1996年）。	D. S. マッケイ	炭素塩小球体は大きさが１μm未満（これは細菌コロニーか）。有機物には、多環芳香族炭化水素（PAH）が含まれている（これは細菌の分解物か）。
クラウスとネイギーの汚染批判を否定（1997年）。	プフルークとハインツ	クラウスとネイギーの研究を検証し、正しいことを確認。
プフルークの再検証を再確認（2005年・2011年）。	リチャード・フーヴァ	マーチソン隕石とダギシュ・レイク隕石などの表面に多様な微生物の組織が存在することを明らかにした。
２つの異論： ①細菌と推定された化石が小さい。 ②隕石に含まれる磁鉄鉱粒子が結晶欠陥を起こしている。	—	２つの異論に対する否定： ①ナノ細胞と同じ大きさの細菌は存在する。 ②生物学的に生成された自磁鉄鉱に結晶欠陥が起こることがある。
ティシント隕石から内部が空洞となった有機構造物（炭素と酸素を豊富に含んだ小球体）を発見（2012年）。	ジェイミー・ウォリス	

表8　彗星観測による「生物モデル」の支持

ヘールホップ彗星（1996年）	木星の軌道より外側の低温の空間でも散発的な物質代謝（細菌活動）と考えられるような活動が見られた（Wickramasinghe, Hoyle and Lloyd, 1996）。
テンペル第1彗星	2005年のNASAのディープインパクトによるテンペル第1彗星の表面に向けて発射した衝突体によって、大量の気体と微粒子が放出された。この微粒子の正体は、劣化した生物学的有機物（細菌の分解生成物）であるとする「生物モデル」が最も妥当である。また、テンペル第1彗星の内部には、有機物質（PAH）が粘土粒子のほか、液体の水も含まれている証拠が発見された。
ヴィルト第2彗星	スターダストによるヴィルト第2彗星から採取したサンプルを地球に持ち帰り分析（2006年）した結果、生きた細胞は発見されなかった（高速の衝突の結果として当然）が、複雑な有機分子が大量に見つかった。また、アミノ酸（グリシン）も発見された。これは「生物モデル」と合致する。
チュリュモフ・ゲラシメンコ彗星	ESAによる宇宙探査機「ロゼッタ」とチュリュモフ・ゲラシメンコ彗星のランデブー（2014年8月7日）によってこの彗星から毎秒約300mlの蒸気が噴出していることが報告された。これは、好熱性の微生物の存在を示す可能性が高い。また、この彗星のコマ（核）にリン酸が豊富に存在するという報告（Altwegg, *et al.*, 2016）は、P/C比率の近似から考えると、生物由来を示していると考えることが妥当である。また、着陸機「フィラエ」のミッション（2014年11月）によって、この彗星の凍った表面の裂け目や孔から、水や有機物の噴出が報告されているが、これも「生物モデル」の証といえる。
ラブジョイ彗星	毎秒500本以上のワインに相当するエタノールを放出していること（Biver *et al.*, 2015）は、微生物の活動の可能性が大である。

Ⅶ 彗星パンスペルミア

Ⅶ－1 彗星は始原的な宇宙生命の貯蔵所

“彗星”は、“星間塵微粒子”が最初に凝集して固定された小天体です。また、天体衝突を免れて“恒星”にも“惑星”にも併合されていません。したがって、“彗星”は“恒星系”の中の最も始原的なものといえます。それ故、もし宇宙空間に生命の胚種が満ち溢れているのであれば、“彗星”はその生命遺産を豊富に受け継いでいることになります。

“彗星”は、最も始原的な宇宙生命の貯蔵場所です。“星間塵微粒子”が凝集してできた“彗星”は、アルミニウム26という短寿命核種の放射線崩壊熱によって、その内部は温められています。

もし、“星間塵微粒子”の一部として“星間雲”の中に始原的な宇宙生命の胚種が休眠状態で存在しているのであれば、“彗星”は宇宙にほぼ無限に浮かぶ、養分（重元素）と液体の水を適度に容する、植木鉢のような理想的な貯蔵場所といえます。

図２　太陽系に属する長周期、および短周期彗星の分布図

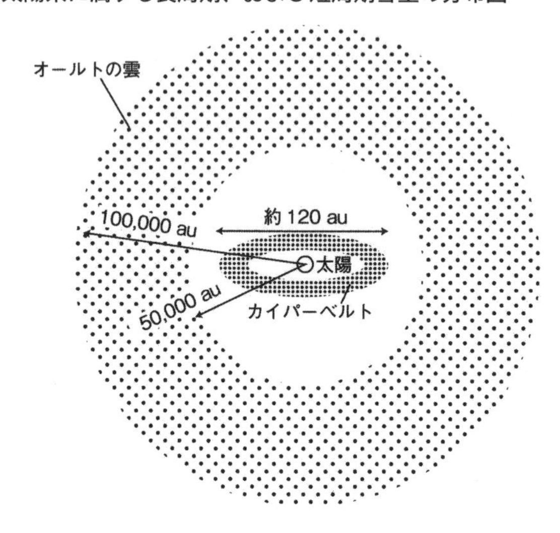

Ⅶ－２　彗星は宇宙生命の運搬人

“彗星”は、太陽系の中に数千億個存在していると推定されています。海王星の軌道の外側にあるカイパーベルトという平らな円盤領域、そして、最も外側に太陽系を球殻状に取り囲んでいる、オールトの雲に広く分布しています。オールトの雲から太陽に接近してくる“彗星”は、通常は年２～３個程度です。ところが、４千～５千万年に一度、太陽系が大質量の“星間雲”の近くを通過するとき（太陽系摂動）は、

“彗星”が太陽に向かう進入率は著しく増大します。地球に衝突する割合が高くなるということです。このことは、地球に宇宙生命の胚種をもたらす頻度が増加することを意味します。と同時に、逆に衝突によって地球の岩石などと共に、地球上の生命の胚種（ＤＮＡ）を宇宙（惑星間空間）にまき散らす可能性が高まることを示唆しています。このように、“彗星”は宇宙生命胚種の貯蔵だけでなく、運搬も行っていると考えられます。

Ⅶ－３　彗星は宇宙生命の増殖場所

“彗星”がカイパーベルトやオールトの雲にとどまっているときは、“彗星”は宇宙生命にとって極めて適切な貯蔵場所を提供しています。もし、宇宙生命の胚種がそのような形で“彗星”の中に存在している（トラップされた）のであれば、“彗星”の太陽接近は、彗星が太陽エネルギーを大量に受けることになり、宇宙生命胚種（微生物）にとって理想的な増殖（発酵を想像してください）場所を提供することになります。

Ⅶ－４　彗星は宇宙生命を全宇宙に拡散

彗星による宇宙生命の宇宙拡散については、『彗星パンスペルミア』（P.139~141）に説明されています。以下、その概要を掲載します。

彗星パンスペルミア説では、彗星から微生物や微生物の小さな塊が排出され、惑星にまき散らされることを想定している（Hoyle and Wickramasinghe, 2000）。この仮説を裏付ける直接の証拠は、1986年3月31日にハレー彗星が最終的に近日点に到達したときに、初めてもたらされた。84ページの図は、アングロ＝オーストラリアン天文台の望遠鏡で観測された。ハレー彗星の核の周辺を取り巻く、小さな粒子雲の赤外線放射を表している。「生物モデル」とこの観測結果とは驚くほどに一致している。少なくとも、ハレー彗星から放出された塵粒子には、凍結細菌と同じ赤外線特性があるといえそうである。

また、1986年の3月3日と4月1日にも、ハレー彗星の周囲の粒子からの赤外線放射が測定されている。いずれの日も、3月31日の放射よりも弱かった。3月31日に観測された総質量が約100万tと推定される粒子は、その12時間ほど前にハレー彗星から放出されたもので、4月1日までには大きく広がって、周囲の宇宙空間に消散したと考えられる。したがって彗星は、毎日約100万tもの細菌を放出する可能性があると思われる。これは、10^{25}個もの細菌の放出と推定される。

彗星から放出された、これほど大量の微生物は、適切な条件の下で、ほんの数光年しか離れていない、近接するその他の惑星系に到達する可能性がある。

細菌、またはその塊に太陽光が入射すると、運動量の移動、つまり運動量 $h\nu/c$ をもつエネルギー光子 $h\nu$ によって、放射方向に、外向きの圧力 P が作用する。恒星の重力 G は逆向きの力をおよぼし、これら２つの力はいずれも、恒星からの距離に反比例して変化する。この P と G の比率が崩れた場合、これらの粒子は、すべて太陽系から放出されることになる。

普通、彗星から放出される細菌の塊は、毎秒 30km の速度で拡散することが示される（Wickramasinghe *et al.*, 2010）。最も近い恒星への距離は、４～５光年と推定されるので、この距離を移動するのにかかる時間は、わずか数万年である。

この間に、星間空間からの低エネルギー宇宙線の低レベルの照射にさらされたとしても、細菌（枯草菌など）の生存可能性の減少は、無視できる程度と思われる（Hoyle *et al.*, 2002, Lage *et al.*, 2012）。厚さがわずか 0.02 μm の炭化物質の外層は、宇宙環境にさらされることで自然に形成され、日焼け止めのように紫外線から内部を保護する役目を果たす。

ハレー彗星のような彗星が近日点に接近するとき、10^{25}

個以上の細菌が放出されると推定されるが、そのうちの一部が近くの惑星系に感染し定着する機会は、非常に多いと思われる。例えば、太陽系などの単一の点放射源に、このことが起きたと考えた場合、以上のような段階的な過程によって銀河全体に細菌が拡散するのに、100 億年もかからないだろう。これは銀河円盤内にある、質量の小さい恒星の寿命に相当する期間である。

どんな恒星ともつながっていない自由浮遊惑星が、非常に数多く存在する可能性は、R・シルドゥの先駆的研究（1966）によって初めて提唱された。シルドゥは、遠く離れたクエーサーと、その間に存在する自由浮遊惑星ほどの大きさの物体との間で発生する、重力レンズ効果を測定した。最近では、いくつもの調査グループが、このような天体が銀河系には数十億個も存在する可能性があることを主張している（Cassan *et al.*, 2012, Sumi *et al.*, 2011）。

生物のいる惑星は、ビッグバンから数百万年以内の初期の宇宙に形成された。これらの惑星は、いわゆる銀河の「失われた質量」の大部分であると考えられる。このような自由浮遊惑星が、平均して 2,500 万年ごとに太陽系の内側領域を横切り、通過する。その都度、太陽系の生きた細胞を含む黄道塵が自由浮遊惑星の表面に植え付けられる。そしてその自由浮遊惑星には、太陽系内惑星で局所的に生じた生物進化による遺伝子が加わり、それを銀河全体に拡散させるというもう一つの役割があると思われる（Wickramasinghe *et al*., 2012）。

Ⅷ　地球に落下する固体物質（彗星軌道と地球軌道が交差）

“彗星”の軌道が太陽に接近すると、太陽の熱によって彗星核の表面の物質が蒸発し始めます。彗星核を取り巻く遊離気体は、すぐに発光を始め、太陽の大きさにも匹敵するようになります。“彗星”の尾（テール）は、彗星の気体と塵が吹き飛ばされたものですが、なんと、その長さは 1,000 万 km から 1 億 km にもおよびます。

この“彗星”の尾と“地球”の公転軌道が交差するとき、彗星の内部で増殖して外殻から吹き飛ばされた、宇宙生命の胚種が地球上に落下してきます。平均すると、一日 100kg（Ⅸ－２参照）と推定されています。

Ⅷ－１　地球に落下する固体物質

地球には、宇宙から大小様々な固体物質が落下してきます。

固体物質のもととなる母天体は、惑星や彗星も含むその他の小天体などです。これらの一部（破片など）が惑星間宇宙から地球に落下してきます。

図3　星間塵微粒子から地球落下（物）までのプロセス

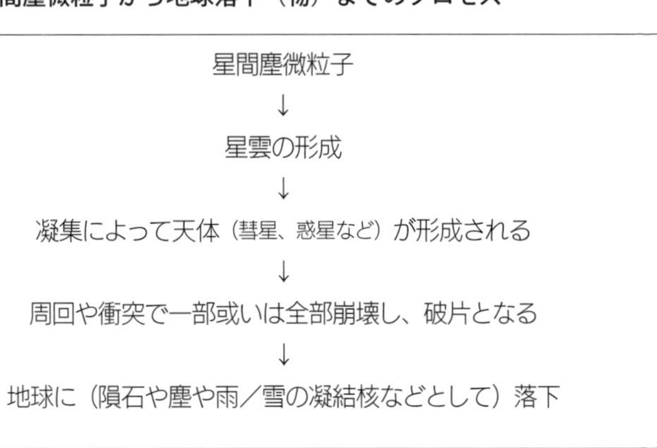

表9　太陽系の天体分類

惑星	地球型（水星、金星、地球、火星）、木星型（木星、土星）、天王星型（天王星、海王星）
準惑星	小惑星帯にあるもの（ケレス）、冥王星型天体
小天体	彗星、小惑星、太陽系外縁天体（冥王星は除く）、惑星間塵
衛星	惑星を周回する天体（地球の月。木星のイオ、エウロパ、ガニメデ、カリスト。土星のタイタン、レア、ディオネ、テティス、エンケラドゥス、ミマス、イアペトゥス、ヒペリオン、フェーベ。天王星のチタニア、オペロン、ウンブリエル、アリエル、ミランダ、パック。海王星のトリトン、ネレイド）

表 10 地球に落下してくる固体物質の大きさによる分類

大きさ	名称	主な起源	説明
μm	宇宙塵および雨や雪	星間塵微粒子・彗星	そのまま落下、あるいは雨や雪の「凝結核」となる*。大気中にある飽和水蒸気の雲は、「凝結核」が内部に形成されるか、外部から導入されるかしなければ、自然に雨や雪に変わるようなことはない。成層圏に拡散した地球外の微生物が地球上に到達するのは雨とともに降下する可能性が最も高い。微生物（星間塵微粒子）は、効果的にその役割（「凝結核」）を果たし、その周囲で氷粒子が成長する。「凝結核」には、細菌等（微生物）が含まれていることが多いことは定説になっている。
mm ～ cm	流星（発光）	彗星	地球の上方（100 ～ 150km）大気の分子と突入する固体物質が衝突してプラズマ化したガスが発光（固体物質が大気との空力加熱によって燃えているのではない）。大気中で消滅する。
m ～ km	隕石（火の玉、衝撃波） 隕石の分類については別表参照	太陽と土星の間にある"小惑星帯"および崩壊した彗星	10kg を超えるものだと大気を通過し、"隕石"として無傷で地表に到達する。非常に低温。 大きな隕石は、空中で多くの破片となって"石の雨"となる。

*オーストラリアの物理学者 E.G. ボウエン（Nature, 1956 年）。

Ⅷ－２ 地球に落下する固体物質（隕石）

隕石は、星間塵微粒子（星雲）が凝集してできたものです。それだけでなく、星間塵微粒子を起源として同時に同様に生成された惑星や彗星などの破片もその一部が隕石となります。したがって、隕石と彗星は、起源としては同根です。隕石の分類と詳細については、次ページの表（隕石の分類）に示します。

表11　隕石の分類

石質隕石（小天体のマントル）	球粒隕石（コンドライト）	普通球粒隕石 Hグループ （金属鉄と硫化鉄が多い） Lグループ （金属鉄と硫化鉄が少ない） Eグループ （ケイ酸塩中の鉄含有量ほぼ0%） Cグループ （ケイ酸塩中の鉄含有率15～25%、有機物の形状をした炭素が数%含まれている。この有機物は溶媒に溶けるものと溶けないものがある）	直径2mm以下の丸い球粒（コンドリュール）が存在。金属鉄を含む。ケイ酸塩鉱物と金属鉄が酸素と結合することなく共存している。Cグループ（炭素質コンドライト）の形成は、地球の地殻より古いとされている。非常に穏やかな温度環境（500K以上に加熱されていない）に置かれていたと推定される。
	無球粒隕石（アコンドライト）	—	球粒（コンドリュール）を持たない隕石。金属鉄もほとんど含有しない。大気の存在しないところで冷却。
石鉄隕石（小天体のマントルと中心核）	パラサイト（カンラン石） ロードラナイト（輝石と長石） メンシデライト（輝石とカンラン石）	—	ケイ酸塩と金属鉄が半々位に大きな結晶となって混在。
鉄隕石（小天体の中心核）	Ⅰ、Ⅱ、Ⅲ、Ⅳ（微量成分の含有量による）	—	金属鉄を主成分とする。鉄とニッケル（3～30%含）とコバルト（0.5%含）、硫化鉄、リン化鉄を包有物として含む。微量成分として、銅、ガリウム、ゲルマニウム、イリジウムなどの白金属元素、金などを含む。
Rグループ隕石などその他の隕石	—	—	Rとはケニアで落下が目撃され回収（1934年）されたルムルチ隕石の頭文字をとったもの。南極、サハラ砂漠、オーストラリアで発見された同様の隕石もある。

この中（隕石の分類表）にある石質隕石の普通球粒隕石Ｃグループは“炭素質コンドライト”といいます。炭素質コンドライトの中に少量含まれるμm単位の微粒子は、星間塵微粒子が凝縮された、太陽系外物質であることを示す証拠が発見されています。その一つは、同位体比（$^{20}Ne/^{22}Ne$など）の違い（太陽系の場合の数値との比較）です。炭素質コンドライトは、その形成時に取り込んだと考えられる太陽系外物質がそのまま内部で損なわれる（溶解する）ことなく、地球に運ばれてきた隕石です。炭素質コンドライト隕石の元となった物質（星間塵微粒子）から生じた“消滅核種”の痕跡が炭素質コンドライトの中に保たれています。

表 12　炭素質コンドライト（隕石）の代表的なもの

隕石	落下年	落下地	その他
オルゲイユ隕石	1864年5月14日	南フランス、オルゲイユ	微生物の化石（?）
ミゲイ隕石	1889年	ウクライナ、ミゲイ	水、芳香族分子、塩基、アミノ酸
イヴナ隕石	1938年12月16日	タンザニア、イヴナ	
アエンデ隕石	1969年2月8日	メキシコ、アエンデ	
マーチソン隕石	1969年9月28日	オーストラリア、マーチソン	極めて多様な地球外有機物が含まれている。微生物の化石（?）

以上の通り、隕石の元は、もとをたどれば星間塵微粒子（星雲）ということになります。星雲から、恒星、惑星、彗星を含む小天体や衛星、そして隕石そのものも誕生しました。惑星や小天体の破片も結果的に地球に落下する隕石となります。

地球上に落下した隕石（炭素質コンドライト）の中から多様な有機分子が発見されています。これらの有機分子が生物の前駆物質であるとする主張には無理があります。このような有機分子が非生物的なプロセスによって生成されたと考えるより、生物的なプロセスによって生成されたと考える方が妥当です。

Ⅷ－3　地球に落下する固体物質（ポロンナルワ隕石）

2012年12月29日、スリランカ中部のポロンナルワ近郊のアララガンウィラ村で、おうし座方向に大きな火球が目撃され、その数分後、隕石が落下しました。この隕石は「ポロンナルワ隕石」と呼ばれています。

この隕石は、多孔性が高く（80％の間隙率）で、ケイ素とカリウムが豊富に含まれ、炭素量は数パーセントでした。衝突によって放出された証拠となる高衝撃鉱物を成分とする10 μm単位の微粒子を含む、非晶質二酸化ケイ素の溶融マトリックスが見つかっています。また、非常に結合の弱い水がごく少量含まれていると同時に窒素炭素比率が 0.3% 未満（窒素枯渇）でした。

ポロンナルワ隕石を切断した内部の表面断片を、アルミニウム製のスタブに載せ、走査電子顕微鏡で行った調査によると、そのサンプル画像には隕石の内部に分散している、様々な生物に特有の構造が写っていました。「アクタリーク」の化石や「珪藻」の構造を示しています（Wickramasinghe *et al.*, 2013a, b, Wallis *et al.*, 2013a, b）。

これらは、以下の理由によって地球上の汚染ではなく、地球外の起源であることを示しています。

1．酸素同位体の組成。

2．イリジウム元素レベル（7 ～ 8PPM）。これは彗星や隕石の数値と一致する。

3．炭素質成分の窒素 / 炭素比が低い。

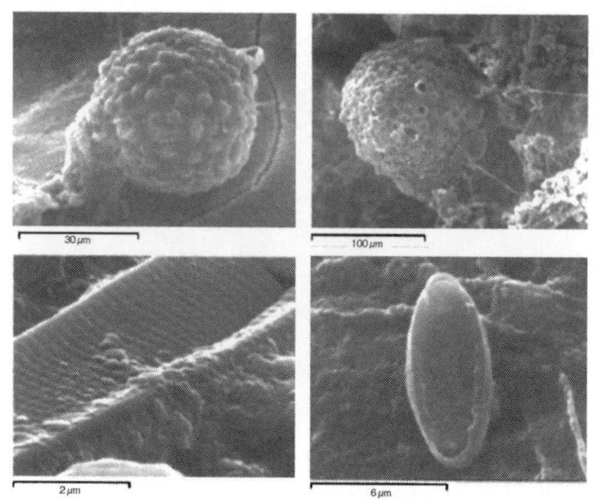

ポロンナルワ隕石から発見された化石化したアクリタークと珪藻。
(Wickramasinghe *et al.*, 2013a, b, Wallis *et al.*, 2013a, b)

ポロンナルワ隕石から発見された化石化した珪藻。

Ⅷ－４　地球に落下する固体物質（星間塵微粒子）

宇宙から地球に落下する固体物質は、惑星や彗星などの小天体の破片（隕石も含む）だけでなく、もっと小さな宇宙塵微粒子や彗星塵もあります。これらはμmという非常に小さな粒子です。細菌（ブドウ球菌は約１μm）くらいの粒子は、上昇の大気に突入してから重力による落下を続け、およそ１～２年で地上に到達します。ウイルス（エイズウイルスは約0.1 μm）くらいの粒子は、高度20～50kmにある成層圏で捕捉されます。その後の落下は、地球全体の混合対流に左右されます（Ⅸ－２参照）から、季節的なものとなります。粒子の落下速度については、次ページの表に示します。

表 13　密度 1gcm -3 で、半径の異なる球体粒子の降下速度（cm /s;0.36km /hr）

α/μm h/km	1.0	3.0	10.0	20.0	30.0	50.0	100	200
23	0.048	0.41	4.47	17.8	40.1	111.1	444	1,776
27	0.08	0.68	7.46	29.7	66.8	185.2	740	2,960
41	0.5	4.27	46.6	185.7	417.2	1,158.0	4,627	18,500

図4

成層圏の異なる高さから降下する、様々な半径の流星物質の降下速度

（流星物質の平均密度は一定であると仮定する）

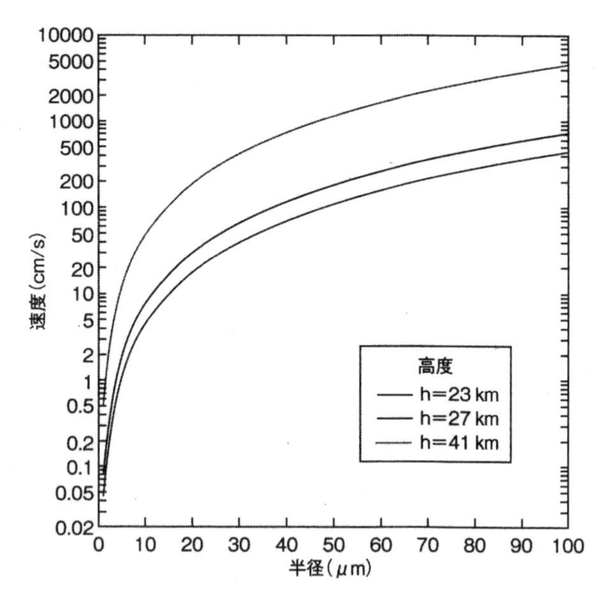

表14　大気圏からの星間塵微粒子の回収

1950年代	対流圏 (〜約20km)	粒子状物質の回収*。	細菌やウイルスに似た粒子の個体群を発見。
1960年代	成層圏(40km)	気球実験、アメリカの科学者。 グレゴリーとモンティ(1967年)。	生きた細菌(標準的な培養が可能)を回収。0.01〜0.1個の生物細胞/㎥(成層圏)を確認。高度が上がるにつれて生物細胞の密度が増加。
1970年代	成層圏(50km) 中間圏(50km〜85km)	ロケット実験、ソ連。 3度実施。	約30の細菌培養物を高度50〜75kmで採種したサンプルから得た。
	対流圏(15km)、U2航空機に「ハエ取り紙」	D.E.ブラウンリー(1977年)。	ブラウンリー粒子の回収(彗星物質)。非常にもろい有機構造。
1980年代	成層圏(20km〜50km)	E.K.ビッグ(1983年)。	外部特性が微生物と似ている粒子を回収。
	成層圏	フレッド・ホイル、チャンドラ・ウィックラマシンゲおよびジャヤント・ナリカール。インド宇宙研究機関(ISRO)。	気球フライトの準備。
2001年 1月21日	成層圏 ①19〜23km ②24〜28km ③29〜39km ④39〜41km	気球実験(4回)。ISRO。低温(Kより10度高い)。試料回収装置。	④平均3.0μmの球菌の形をしたサブミクロン単位の粒子の塊を分離。アクリジンオレンジによる核酸染色法によって、核酸を含む細胞の塊が存在することが明らかにされた。しかし、この細胞は生きているが培養は不可能な細胞であると見なされた。
		ミルトン・ウェインライトの分析。	ポテトデキストロース寒天培養水(PDA)を使用して、空気フィルターから回収した球菌とバシラス属の培養に成功(地球の微生物種と似ている)。
2004年頃	成層圏(41km)	エアゾル回収。ミルトン・ウェインライト。	高い耐紫外線特性を持つ、新菌腫3種が回収された(Janibacter hoyle: と名付けられた)。
2013年 7月31日	成層圏 (22〜27km)	気球。電子顕微鏡用スタブ取り付け。 ミルトン・ウェインライト(Wainwright et al., 2013)。	スタブより30〜50μmよりも大きい様々な生物体が発見された。珪藻に似たものも回収された。

＊細菌の大きさ(1μm)の粒子が気流によって15〜20kmの高さまで運ばれていることはない。
＊彗星起源と思われる微生物は、地球に1日平均100kgが入り込んでいることが示されている(Wainwright et al., 2001)。彗星物質は1日平均100t地球に落下していると推定されている。

Ⅷ－5　地球に落下する彗星

彗星は太陽系が誕生するとき、天体衝突を免れて太陽にも惑星にも併合されていません。星間塵微粒子が固定された、非常に始原的なものです（彗星の概要については、「Ⅶ　彗星パンスペルミア」を参照）。

太陽系において、“短周期彗星”[*2-Ⅷ-1]は、海王星の軌道の外側にある“カイパーベルト”と呼ばれる平らな円盤領域に存在しています。これに対し“長周期彗星”は、太陽外縁部を球殻状に覆っている“オールトの雲”に分布しています。その数は、数千億個と推定されています。

地球史（約46億年）の最初の5億年は、彗星の衝突を頻繁に受けた時代（重爆撃期、冥王期）です。もちろん、その後も今日にいたるまで、彗星とその破片の衝突と落下は続いています。地球表面には、彗星衝突の跡はクレーターとして残りますが、地表の風化現象により浸食されています。

地球上の生物は、彗星の衝突という直接の影響によって滅亡するだけでなく、衝突によって成層圏に塵が舞い上がり、太陽光線が遮断され、食物連鎖の最下層にある海中プランクトンの光合成が最小レベルまで阻害されることで、絶滅にいたることもあります。

表 15　彗星衝突による生物の絶滅

1978年	フレッド・ホイルと チャンドラ・ウィックラマシンゲ	彗星衝突により、大気中に 10^{14}g の 小さな塵の付加。
1979年	ナピエとクリューブ（Nature, Vol. 282）	同上。
1980年	L.W. アルパレス、F. アサロ、 H.V. ミッシェル	6,500 万年前の恐竜の絶滅。 メキシコのチチュルブ・クレータ。

このような彗星衝突は過去に１億年に一度位の頻度で起きたと推定されています。このことは、地球上の地層からイリジウム元素の濃縮や Aib[＊2-Ⅷ-2] とかイソバリン（非生物的アミノ酸）の分散が発見されることによって示されています。

図５　地質学的記録による生物の大量絶滅のピーク

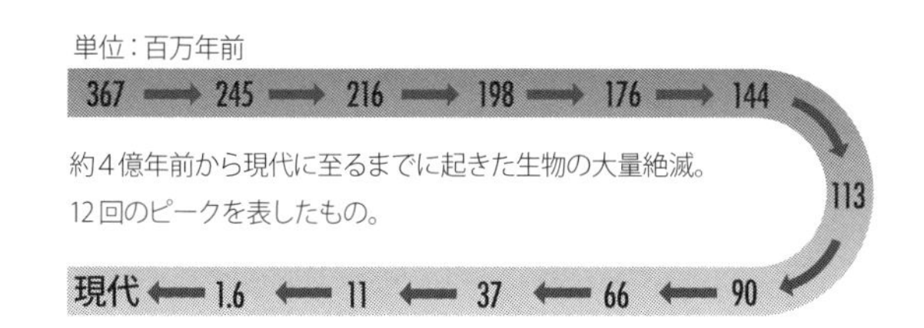

地球に侵入した彗星或いはその破片の衝突は次ページの表の通り、極めて大きな被害をもたらします。

表 16

彗星の直径（m）	広島原爆（15kt）	コメント
40	約 100 倍	—
100	約 500 〜 1,500 倍	1908 年のツングースカの大爆発。40 〜 50 km までの木々が倒れた。
250	—	都市規模の滅亡。
1,000	約 100,000 倍	国規模の滅亡。

彗星の本体である核の標準的な直径は、1 〜 10km 程度です。しかし、最近発見された“巨大彗星”は、30 〜 200km もあります。その存在は、クリューブとナピエ（V. Clube and W. M. Napier, 1990）によって予見されていましたが、最初に発見された巨大彗星は直径が約 115km の“カイロン”です。その後、多くの巨大彗星が発見され、“ケンタウルス”という新しい分類名が与えられました。1990 年代後半にヘールボップ彗星も、木星から約 1 億 km 離れた地点を通過していった、直径 40km 位の巨大彗星です。

Ⅷ－6　地球に落下する彗星（彗星 X と文明の崩壊）

推定直径 200km、質量約 10^{16}t（1 京 t）の巨大彗星（以下“彗星 X”）が古代文明の崩壊につながったという考えがあります。この仮説は、ナピエとクリューブが提唱し（Nature Vol. 1979）、フレッド・ホイルとチャンドラ・ウィックラマシンゲが修正を加えた仮説です。

２万年程前、オールトの雲から太陽を周回するようになった“彗星Ｘ”は、木星（地球の約318倍の質量）によってその軌道が摂動されただけでなく、粉々となり、10ｍ級の塊100億個、1km級の塊数百万個という集団になったと推定されています。この集団は、一定の周期で、地球軌道と交叉するようになりましたが、この集団と地球の遭遇を正確に予測することは困難です。過去の地球文明と彗星衝突の痕跡（歴史的事実）から、周期を推定することによって、次の悲劇を予測することができるかもしれません。

“彗星Ｘ”の粉々となった集団（以下“彗星Ｘ集団”）と地球軌道との遭遇によって数十年間という長期にわたり、地球上に彗星Ｘ集団によるミサイル的な攻撃の現象が現れた可能性があります。この間、地球上には恐ろしい頻度で衝突が起こり、火球がさく裂して、天体からいつも爆発音が轟いていたことでしょう。地鳴りは隅々まで響き渡り、隕石が大量に落下し、巨大な溝が現れたり地震が誘発されたり、津波に襲われたり、地球上はさながら地獄と化したことと思われます。

“彗星Ｘ”がここ数万年間で地球にもたらした地質学的な事象は、“最終氷期[＊2-Ⅷ-3]（ヴェルム氷期）”からの脱出です。地球の氷河期からの解放は、グリーンランド氷床のコアサンプルの温度記録に示される通り、数段階を経て達成された可能性があります。

その第1段階は、15,000年程前の彗星X集団の衝突です。その後、3,000年間にわたり、彗星X集団の連続的な衝突によって、成層圏に大量の塵が舞い上がり、太陽光線の入射が妨げられました。

12,900年程前には、比較的短期間の間に何千個も100m級の彗星X集団が地球に衝突、[*2-Ⅷ-4]それによって一時急に寒冷化し、氷期が再生したと考えられています。この時期、北米の先史時代の旧アメリカ人(パレオ・インディアン)による、クロービス文明が突然消滅しました。マンモスも消滅しました。

11,500年(BC9500年)程前には、彗星X集団の中のやや大きい破片の衝突が繰り返され、地球は温暖化に向かったと思われます。このようにして、地球は、ヴェルム氷期から脱出し安定した温暖な段階に入り、それに従って、文明が芽生える環境が整いました。

しかしながら、1万年前の文明の夜明けの時代は、まだ彗星X集団の活動が活発で、天空には彗星X集団の地球衝突による塵が大量に漂っていたことでしょう。その合間から星がときどき赤く輝く程度であったに違いありません。そして、彗星X集団による天空の爆発とか閃光などは日常的であったことと思われます。このような、天空の活発な活動にさらされた文明初期の社会が、その神々を天空に求めたことは不思議ではありません。それが神話として残っていると考えられます。

過去１万年の文明の発展と没落、帝国の興亡は、彗星Ｘ集団の衝突によって説明できます。彗星Ｘ集団の衝突が活発な時期は文明が没落し、それが少ないときは文明が繁栄しました。

文明の発展を支えた、金属の精錬技術の発見には、彗星Ｘ集団の衝突による偶然の発見があったとフレッド・ホイルは推測しています。鉱石が可鍛性の材料となり、金属となるという発想は、抽象的概念としては、自発的には生まれにくいと考えられます。金属の精錬は、銅の精錬のように、地球上の広範囲の地点で、時を同じくして発見されていますが、彗星Ｘ集団の衝突による偶然の発見と考えれば納得できます。

最初の発見はBC4300年頃（約6,000年前）アナトリア東部です。彗星Ｘ集団の複数の衝突による森林火災が発生し、その強力な火力によって金属を含んだ鉱石が自然に精錬されたことでしょう。それを偶然発見したと考えられます。このようにして銅器の利用が始まり、その後1,000年程で青銅の時代を迎えることになりました。

BC3100年頃（約5,000年前）、エジプトではメネス王による上下エジプトが統合され、繁栄し、BC2160年の崩壊まで続きました。ギザの最も有名な３つのピラミッドは、BC2500年にクフ王によって最初のピラミッドの建設が始まりました。続く200年の間に２つのピラミッドがカフラーとメンカウラーによって建立されています。

フレッド・ホイルはこれらのピラミッドについて、単なるお墓でも偶像でもなく、彗星X集団のミサイル的な衝突から在位中の国王を守る“エアシェルター”として理想的なものであると指摘しています。大ピラミッドの中の回廊は、オリオン座の３つ星の方向を向いていますから、鏡を利用すれば、地球に迫りくる彗星X集団の侵入の観察ができます。ピラミッドの構造は、何千年という試練に耐えられるものです。また、リスク分散のためか、広大な地域にまたがって建てられています。ペンシルバニア大学のD. B.レッドフォードは、一般民用の彗星空中衝撃シェルターの残骸らしきものを発見しています。

前期青銅器の時代（BC3150～BC2200年）の“ソドムとゴモラの町”に降った火の雨という天体現象を彗星X集団と考えると、合理的な根拠が与えられます。南アルプスの氷床コア調査によって、BC3100年頃の急激な気温低下があったというデータが示されています。旧約聖書に示されている火災、津波、洪水や地震などの事象は、破天荒で神秘的ではありますが、これらを彗星X集団のミサイル的攻撃と解釈すると納得がいきます。

BC2500～2300年間の彗星X集団による衝突によって、北パキスタンのモヘンジョダロ（インダス文明）が崩壊した可能性があります。ここは、エジプト文明よりさらに繁栄していたと考えられます。1,000年にわたり栄えた文明が突然そして劇的に崩壊しました。これは、彗星X集団の海中衝突によって生じた高波や津波のような大災害が疑われます。

この衝突に関連していると思われる塵の層と焼地表面層が、BC2350年の北シリア考古学的地層で発見されています。

暗黒時代（BC1200～BC800年頃）の後半、ギリシア時代（BC800～BC338年頃）そしてその後6世紀中頃まで、地球は穏やかな時代に入りました。しかし、6世紀に入り、エジプト文明やインダス文明のときより弱いとはいえ、再び彗星X集団のミサイル的な攻撃事象が起きた痕跡があります。

ローマ帝国[＊2-Ⅷ-6]の崩壊前後に起きていた地質学的な変動、特に長期にわたる頻繁な地震活動は尋常ではありません。これについても、彗星X集団のミサイル的な攻撃によって生じた長期的な地殻変動活動と推定されます。彗星X集団によって地球の内部近くに圧力波が送り込まれれば、それによって地殻変動が誘発されることになります。このことについてエドワード・ギボンは、「Decline and the fall of the Roman Empire」の中で以下の通り記しています。

「歴史は……区別することになる……自然災害が極めて少なかったときと、頻繁に起きたときとを。ユスティニアヌス（527～565年）が君臨した時代は、地球が荒れ狂っていた。毎年、地震が連動して起きた。コンスタンチノープルは、40日間揺れ続いた。その振動は、地球の隅々まで行き届いたほどである。少なくとも、全ローマ帝国に届いた。振動は体感され、巨大な溝が現れた。人間は地上に投げ飛ばされ、海は内陸に侵入、後退を繰り返した。そしてアンタキア（アンティオキア）では、レバノン山から山が剥ぎ取られ、波に飲み込まれ消えていった……25万人とともに」

この時期（6世紀中頃）の地球気候の大きな変動に関する生物学的な研究があります。それによると、540年頃のアイリッシュ・ブナの年輪は、ほとんど成長がなかったことが示されています。この時期（534～546年）の年輪の成長がほとんどなかったことは、ヨーロッパ、ユーラシアそして北米と広範囲にわたっています。グリーンランドの氷に含まれる酸性物質観測によって、火山噴火による塵の影響でないことは明らかですから、535年から546年の約11年間にわたる長期の事象を説明するには、彗星Ｘ集団の関与が検証される必要があります。

近年の地球への天体突入事象は、1908年6月30日に起きた、ロシア・シベリアのツングースカ大爆発です。100m級の天体衝突で、そのエネルギーは広島原爆（15kt）の約650倍といわれています。約2,150km^{2}の範囲で樹木がなぎ倒されました。この爆発でヨーロッパでも数夜にわたり、真夜中に人工灯なしに新聞が読めるほどだったといわれています。最近の天体衝突は、2013年2月15日にロシアのチェリャビンスク州に落下した隕石です。直径15～25ｍの隕石が上空15～50kmで爆発し、約4,500棟の建物のガラスが割れました。このエネルギーは、広島原爆の約30倍以上でしたが、上空数十kmで爆発したため、かなり軽減されました。

＊2-Ⅷ-1　短周期彗星とは、200年以下の周期の彗星。それ以上の彗星は長周期彗星という。

＊2-Ⅷ-2　α-ジ置換アミノ酸。
＊2-Ⅷ-3　“最終氷期”とは、約7万年前から始まって、約1万年前に終了した一番新しい氷期のことをいう。氷期とは、地球の気候が長期にわたって寒冷化する期間。過去地球上では、少なくとも4回の大氷期があった（24億～21億年前のヒューロニアン氷期（仮説）、7.5億年前のスターティアン氷期、6.4億年前のマリノア氷期、2.6億年前のカリー氷期）。
＊2-Ⅷ-4　ジェームス・ケネットによって米国（ベンシルバニア州と南カロライナ州）とシリアの薄い堆積層からガラスの融解物が発見され、彗星X集団によるミサイル的な連続衝突が示唆された。
＊2-Ⅷ-5　ローマ共和制（BC509～BC27年）、ローマ皇帝（BC27～395年）、西ローマ皇帝（395～480年）。

Ⅸ　地球に落下する宇宙生命

Ⅸ－1　地球に落下する珪藻

光合成微生物に分類される珪藻は、長い間彗星と星間雲（星間塵微粒子）にその起源があると指摘されてきた生物構造です。珪藻は、地球上の海洋の淡水など液体の水のあるところに豊富に存在しています。したがって、太陽系の天体（彗星も含め）で、液体の水が存在するところであれば、そこを自然の生息地としている可能性があります。

地球上に珪藻は10万種以上あると推定されています。珪藻は、珪殻といわれるケイ質の外層によって覆われています。地球上で珪藻（珪殻の化石）は、突如として1億8千万年前の地質学的記録に出現しました。何かから進化した形跡もなく突然地球上に出現したようです（『彗星パンスペルミア』P169）。

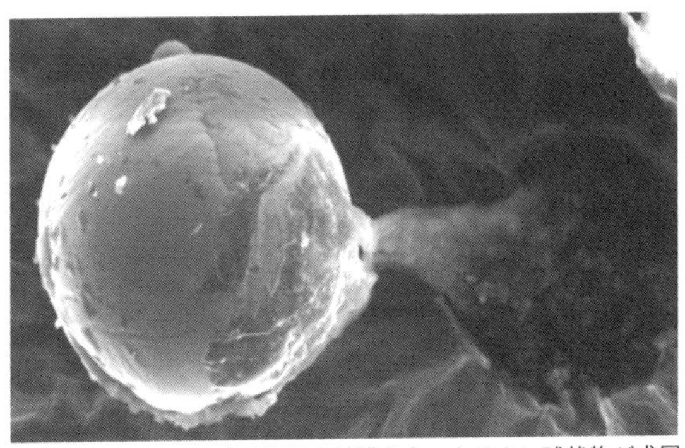

真菌類にみられるような網状の被膜をもったチタン球状物が成層圏から回収された。これを回収スタブから顕微鏡操作によって引き外すと、生物的物質が内部から発散（噴出）した。そして、その跡には衝突時のクレーターがあった。（Wainwright *et al.*,2013）

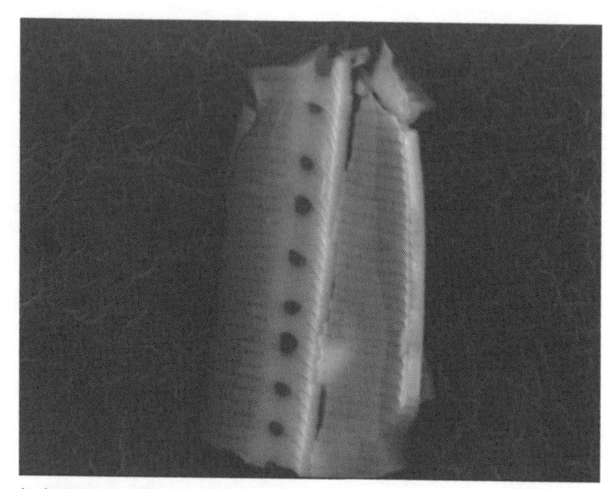

高度27㎞から回収されたSEMスタブにめり込んだ上下の殻が合わさった状態の珪藻（フラスチュール）。（Wainwright *et al.*,2013）

成層圏（41km）からの星間塵微粒子の回収サンプルから、珪藻のケイ質断片のように見える、長さ10～15μm、直径1～2μmの繊維状の構造が発見されています（Harris *et al.*, 2002、Nalikar *et al.*, 2003、Wainwright *et al.*, 2003、Shivaji *et al.*, 2010）。また、直径10 μmほどの中空の有機物球体も発見さています。これは、炭素質コンドライトや地球の古い時代の堆積岩から発見される珪藻に似た円筒状の構造を持つ、「アクリターク」*2-Ⅸ-1に類似しています。

Ⅸ－２　地球に落下するウイルス

Ⅶ章で彗星の中にウイルスと微生物が静かに潜んでいて、彗星の軌道と地球の軌道が交叉するとき、それらが地球に落下してくることについて説明しました。地球上には、平均で約 100t の彗星の破片が毎日降り注いでいると推定されています。その中には、大量の有機物が含まれています。そして、宇宙空間中の悪条件と地球突入時の諸条件を乗り越えて、生き延びて地上に落下してくるウイルスが混在してくる可能性が指摘されています。ウイルスの強靭な生命力については、後のⅩ章で取り上げていますが、ウイルスを完全に死滅させることは、極めて困難です。彗星の破片 100t の 0.1%（100kg）を微生物と仮定すると、ウイルスの落下総数は、1年間で約 10^{24}（予(じょ)）個以上[*2-IX-2]と推定されます（『彗星パンスペルミア』p85）。

歴史上、地理的・文化的な境界を越えて、人類に大きな被害をおよぼしたウイルスによる感染症は、“天然痘”と“インフルエンザ”です。大昔の人類の祖先は、彗星によって病気や感染症がまき散らされていると信じられていました。もし、オールトの雲やカイパーベルトから周回してくる彗星が、ウイルスをはじめとする微生物を地球上にもたらしていることが科学的に証明されれば、古代人が信じていたことが正しかったということになります。

ウイルスによる感染症は、ヒトからヒトあるいは動物からヒトといったように、“水平感染”するものとされています。しかし、このような水平感染に加えて、天から降ってくるウイルス感染（“天降感染”）があるという視点からウイルス感染症を検証する必要があります。今までは、生命が地球で自然発生（化学進化）したと信じられていましたから、このような必要性はまったくありませんでした。

しかし“彗星パンスペルミア説”においては、生命は、宇宙から地球に彗星に乗ってやっていたということが前提となっていますから、宇宙から侵入してきたウイルスによる「天降感染」が問題になります。

感染源となるウイルスなどの微生物[*2-IX-3]は、地球大気の最も高いところに常時漂っていて、定期的に彗星によって補給されていると“彗星パンスペルミア説”では仮定します。0.1 μm 位の大きさのウイルスあるいは、それより小さい粒子が下降して地上に落下するのは、上層と下層の大気が混ぜ合わさる季節的なもので、冬の数か月間（温帯地方では 1 月から 3 月までの期間）発生します。成層圏[*2-IX-4]における冬の下降気流[*2-IX-5]は、緯度 40 ～ 60 度までの範囲で強く発生しています。

このような、季節的な上層と下層の大気の混合だけでなく、ウイルスなどの微生物等の下降は、太陽表面のエネルギー活動にも影響されています。太陽の黒点が増加すると、太陽から地球に到達する荷電粒子が増大します。それによって、ウイルスなどの荷電分子の成層圏から地上までの降下が増大します。このような太陽活動周期は、約11年のサイクルで起きています。*2-IX-6

このことについて、エドガー・ホープ・シンプソンは、次ページの図の通り、黒点活動と新しい亜型ウイルスを含むインフルエンザの流行時期との関係を示しました。

図６
20世紀を通じての太陽黒点数と、11回のインフルエンザの大流行との比較

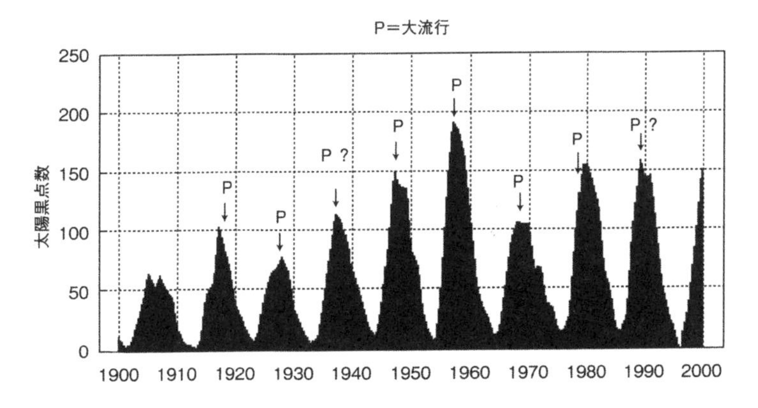

パンスペルミアの視点から、ウイルス感染症を検証するときのポイントは、２つあります。１つは、病気発生の地域的、つまり空間の問題です。もう１つは、病気発生と終息の期間、つまり感染症の周期性の問題です。

“天然痘[*2-IX-7]”の場合、歴史や考古学の証拠から約 700 ～ 800 年の周期が見られます（『彗星パンスペルミア』p88)。古代エジプト時代は、天然痘の流行がありましたが、ギリシア時代はありませんでした。このようなことが、当時の医療記録で明らかとなっています。天然痘は、高い伝染性を持っています。このようなウイルスによる感染症が長期にわたって抑制されることを、免疫の視点から説明することは困難です。宇宙から大量のウイルスが落下したという可能性の方が合理的な説明ができそうです。同様の周期問題を抱えているのは、3.4 ～ 3.5 年周期で出現する“百日咳”です。

“インフルエンザ”の場合、水平感染だけでは説明できない感染症の拡散が見られます。非常に離れた場所で同時発生したり、隣接しているのに発生が見られないというインフルエンザの蔓延パターンを、ヒトからヒトへの水平感染では説明することができません。ここでも、パンスペルミア説の視点から、宇宙から落下してくるインフルエンザ・ウイルスによる「天降感染」という検証が必要です。

1918年から1919年に発生したインフルエンザ（スペイン風邪）を彗星パンスペルミアの視点から検証（『彗星パンスペルミア』p92〜93）。

おそらく近代の歴史で、最も悲惨なインフルエンザの大流行は、1918年から1919年にかけて、3,000万人を死にいたらしめたものだろう。ルイス・ワインスタイン博士は、この大流行の間、インフルエンザの蔓延に関して入手可能なあらゆる情報を研究したのち、このように書き残している。

「人と人との間での感染は局所的に発生するものだが、今回の病気は、世界各地の離れた場所で同じ日に出現した場合もあれば、比較的近距離であるのに蔓延するまでに数週間かかっている場合もある。ボストンとボンベイ（ムンバイ）では同日に発見されているのに、ボストンとニューヨークとの間では頻繁に人々の行き来があるのにもかかわらず、ニューヨークで発見されるまで３週間もかかっている。イリノイ州のジョリエットという町で、初めてインフルエンザが確認されたのは、同じ州のシカゴで最初に確認されてから４週間も経ってからのことだった。ちなみに2つの町は38マイル（約61km）しか離れていないのである……」

これと同じ大流行のさなか、アラスカ（準）州のリッグズ知事は、アメリカ上院の委員会で、1919年1月に、ヨーロッパと同じくらいの面積の中に約5万人が住む地域に、この地域に行くにはこれ以上ないほどの悪条件が揃っていたにもかかわらず、インフルエンザの感染があることを報告した。

「この地域に行くためには、犬ぞりチームを編成する必要がある。昼間の時間は短く、厳しい寒さの中ではせいぜい一日20～30マイル（約32～48km）の移動が限度である。この天候は、歴史上最悪である……」

この話から、インフルエンザは人と人の接触感染が主ではないことがはっきりとうかがえる。新しいウイルスに感染し、それを温存する鳥が糞と一緒にウイルスをまき散らし、そのために病気が蔓延したという説も、鳥の群れが、11月から12月の厳しい冬にアラスカまで飛んで行くことはありえないという理由から同意しかねる。しかしながら、冬季に吹くジェット気流が上層大気をかき回すことで、ウイルスを含んだ微粒子の雲をアラスカほどの広さがある地域に下降させることは確かにありそうだ。

しかしその一方で、飛行機での移動がなかった時代に、一日でボストンからボンベイ（ムンバイ）へとインフルエンザが広がることなどありえるだろうか。鳥がどんなに速く飛んだとしても、そんな移動は不可能だ。また、風が一日にこれだけの離れた場所を吹き抜けられるとも考え難い。しかし、ウイルスやウイルスの誘因となるものがμm単位の粒子に埋め込まれた状態で、上層大気を通って降り注いだとすれば、単なるタイミングで異なる場所の地上に到達することになる。そして粒子が最初に到達する場所は、必ずある。そこから、新たに病気が発生することになる。宇宙を運ばれてきた病原体が同時に、ボストンとボンベイのように、遠く離れた2か所に到達すると考えれば、このような発想が突拍子もないことであるとはいえなくなる。

1948年のイタリアでのインフルエンザを彗星パンスペルミアの視点から検証（『彗星パンスペルミア』p93～94）。

1948年の世界的大流行は、まずイタリアのサルディニアで始まったと思われる。サルディニアのF. マルグラッシ教授はこの感染症について、次のように記している。

「われわれは、長い間、人々が数多く住む中心地から、ぽつりと離れた土地にひとりで暮らしている羊飼いに、インフルエンザが発症したのを確認した。こんなことが近くの人口密集地とほぼ同時に起こったのである」

この話全体を通じて最も顕著な特徴の一つは、人間の移動技術はインフルエンザの蔓延に対して、まったく影響をおよぼしていないということだ。インフルエンザが、人と人との接触によって広まっていくのなら、空の旅ができるようになれば、世界中に病気が蔓延する方法も様変わりすると思える。

しかしながら1918年のインフルエンザは、航空時代以前のことなのに現代の場合とまったく同じ早さと方法で蔓延していった。

1968年〜1970年のイギリスのインフルエンザを彗星パンスペルミアの視点から検証（『彗星パンスペルミア』p100）。

エドガー・ホープ・シンプソンは、イギリスのサイレンセスターの開業医だったが、1968年から1969年と、1969

年から1970年とにおけるインフルエンザの大流行のときの134世帯の感染データを分析し、ある結論に到達した。それは、最初にインフルエンザの症例が確認された世帯内での、家族のインフルエンザ感染は、その世帯があるコミュニティでの平均罹患率に近いという結論だった。言い換えれば、感染した家族は親しく接触することが予想されるのにもかかわらず、家庭内での感染を高めてはいないのである。

1978年～1979年のイギリスの赤いインフルエンザを彗星パンスペルミアの視点から検証（『彗星パンスペルミア』p94～96）。

人から人へのインフルエンザの感染は、一般に兵舎や寄宿学校のような施設で、非常に高い罹患率が示されることが証しとなっている。1978年の最初の数カ月間、フレッド・ホイルと筆者は、イングランドとウェールズの寄宿学校を対象に、「赤いインフルエンザ」と呼ばれた、H1N1型ウイルスの感染に関する調査を行った。このウイルスは、20年間も人の個体群から発見されていなかったが、突如として猛威を振るったのである。18歳未満の子どもは、生まれてから一度も、この新種のウイルスにさらされたことがないので、同じようにインフルエンザに感染しやすかった。この状況は、ウイルスやその生化学的誘因が、空から降ってきたという仮説を検証する絶好の機会であった。その後、現在にいたるまで、1987年のような状況は繰り返されていない。我々が生徒たちから集めたサンプルは、合計2万人以上で、そのうちインフルエンザにかかった生徒は、約8,800人だった。罹患率の分布は、平均44%だが、幅広い相違があることを示していた。極めて多くの学校が低い罹患率を示し、それが標準的であった。平均の罹患率が80%以上と、極めて高い学校は、100校以上のうち僅かに3校だった。

もし8,800の症例の原因となったウイルスが、生徒の間で感染するのであれば、その挙動にはもっと統一性があるものと思われる。我々は、国内全体で非常に多様な罹患率が示されたことから、特定の学校（または校内の寮）における罹患率は、その場所が、ウイルスやその誘因の一般的な降下パターンと関連しているのではないかと考えた。この降下パターンの詳細は、その場所の気象学的要因で決まってくる。降下は10kmの範囲で不均一であることをはっきり示しており、であれば学校ごとで、まちまちの結果となるのが自然であった。

調査対象となった学校のなかでも、イートン・カレッジの結果は、人から人への感染、という説を検証するのに最適なものだった。1,248人が、多くのハウス（寮）から通学しているが、罹患していたのは、全校で441人だった。ハウスごとの症例の実際の分布を下図に示す。

図7　イートン・カレッジでのインフルエンザ罹患者数（1978年）

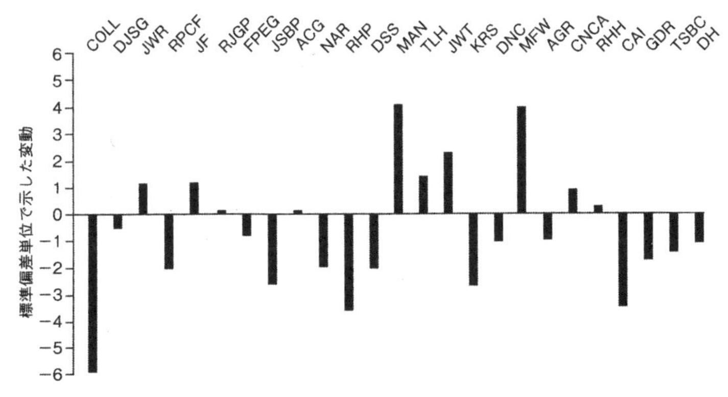

標準偏差単位で示した、イートン・カレッジのハウスごとに予測される平均罹患者数からの変動。

カレッジハウス（学寮）には、70人が生活しているが、症例はわずかに1例だった。これに対して、人から人への感染モデルにおける、ランダム分布による仮定での期待値は25である。ここでもまた不均一性がみられるが、今度は規模を何百mにしてみる。このときの罹患率の全体的な分布は、人から人への感染を元にした場合、10^{16} 回に 1 回の試行になると思われる。あらゆる事実から客観的にみると、インフルエンザは、人から人へ「うつる」のではない。ただ、現代の科学文化によって、そのように思い込まされているだけであることがはっきりした。

フレッド・ホイルは 1978 年に行った公開講演のなかで、今回の状況に関して、次のように語っている。

> 「この（人から人への感染という）見解は、病院や、学校や、兵舎のような施設で生活している人々の罹患率の高さによって疫学的に証明されると、もっぱら考えられています。このような“であるはず”という論理は、私に言わせると、サッカーの試合を観戦していた観客が突然の雨でずぶ濡れになったときに、雨が降ったという事実を無視して、観客同士が頭から水をかけ合ったと説明するくらい、曖昧なものです」

Ⅸ－3　地球に落下する赤い雨（生存非適合生命）

空から赤い雨が降り注いだら誰しも驚くことでしょう。この世のものとは思えない異常な現象だと不気味な感情を持つと思います。古代から現代にいたるまで赤い雨は地球上に降ってきました。現代科学の分析機器と能力を持ってしてもまだ赤い雨は特定できていません。まさに宇宙由来と言えます。

表17　赤い雨の記述

古代インド	「マハーバーラタ（インド古典叙事詩）」	赤い雨は世界の終りの前兆。
BC8世紀	ホメーロスの『イーリアス（ギリシアの叙事詩）』。	ゼウスが二度にわたり空から血の雨を降らせた。
BC30年	エジプト。	彗星が空を横切って行った。血の混じった雨が滝のように降り注いだ。
古代中国	三苗時代。	三日間、血の雨が降った。五穀の育ち方は一変した。
47～120年	プルタルコス （古代ギリシアの歴史家）。	ローマの建国者ロームルスの統治の間に血の雨が降った。
541年	ウェンドーヴァーのロジャー。	ガリアの彗星は巨大だったので、空全体が燃え上がったように見えた。

赤い雨は、特に真っ赤でない限り気が付かないし、記録にも残りません。現代の赤い雨は、2001年7月25日に、インドのケーララ州に降ったものと、2012年11月14日にスリランカの古都ポロンナルワに降ったものが研究されています。

表 18

インド・ケーララ州の赤い雨とスリランカ・ポロンナルワの赤い雨の比較

	インド・ケーララ州の赤い雨	スリランカ・ポロンナルワの赤い雨
現象	・2001 年 7 月 25 日、インドのケーララ州。 ・衝撃波の後に赤い雨が降った。 ・8 週間断続的に赤い雨が降った。 ・広範囲に赤い雨が降った。	・2012 年 11 月 14 日、スリランカのポロンナルワ。 ・火球の目撃報告が多くあった。 ・数千 km²平方の範囲に赤い雨が降った。 ・数時間にわたり断続的に赤い雨が降った。 ・エンケ彗星の破片か。
形態	・不規則な形状、大きさは多種多様。 ・藻類、赤血球と形態的に異なる。 ・細胞の直径は 5 μm。 ・細胞壁の厚さは平均 6,000Å。 ・外側は、2,000 ～ 3,000Å の被膜で覆われている。 ・赤色が半透明。	・ケーララ州のものと形態が似ている。 ・隕石（落下物）は、はがれやすくもろい構造をしている（上層大気中で簡単に分裂し、対流圏にある雨雲の元となる赤い雨の細胞を放出した）と推定される。ケーララ州に落下した隕石と似ている。
質量	・50,000kg と推定（Louis and Kumar, 2003）。 ・彗星の直径 20 m と推定（同上）。	
複製	・DNA が細胞内に存在しない（リン酸不在）。 ・細胞壁から娘細胞が突き出て複製。 ・高圧の中、450℃で複製（Louis and Kumar, 2006）。 ・高圧の中、121℃で複製（Gangappa *et al.*, 2012）。	・細胞壁の外側にウランが含まれている。 （注）地球上で、生物がウランを濃縮してその地球生物が大量に成層圏まで吹き上げられることは、まずあり得ない。 ・ケーララ州と同様、リン酸不在。
分光法分析	・赤外線スペクトル特性は、原始惑星赤星雲の UIB（未同定赤外線放射体）とほぼ一致。 ・紫外線スペクトルは、2,175Å 付近に吸収ピークがある。 ・ERE（広域赤色輻射）と似た蛍光発光の放射特性がある。・星間塵の特性と一致する。	

＊2-Ⅸ-1 分類不能な微化石の総称。約36億年前の地層からも発見される。約10億年前から出現頻度・多様性が増大。多くは海藻と類縁関係があると考えられている。

＊2-Ⅸ-2 ウイルスは、自己複製できないため、宿主生物の細胞に寄生する。彗星に細菌がいると仮定すると、ウイルスはその細菌に寄生している。細菌１個に対し、約1,000個のウイルスが寄生していると仮定。したがって、毎年、細菌が10^{21}個落下してくると推定すると、ウイルスは毎年10^{24}個となる。

＊2-Ⅸ-3 ゲノムに存在する内在性レトロウイスルやLINE、SINEなどのウイルス断片を起動する因子（存在は未確認）。

＊2-Ⅸ-4 対流圏１～18km、成層圏18～50km、中間圏50～85km、熱圏85～690km、外気圏690～10,000km。

＊2-Ⅸ-5 放射性トレーサーロジウム－102（^{102}Rh）を高度100kmに投入して下降を調査した結果。

＊2-Ⅸ-6 太陽活動周期とは、太陽の活動や太陽黒点やフレア等の周期的（約11年）な変化のこと。

＊2-Ⅸ-7 天然痘の病原体は、ポックスウイルス科オルソポックスウイルス属に属するウイルスの一種。1980年５月８日WHOは、天然痘ウイルスの地球上からの撲滅宣言をした。人類が撲滅宣言したのは、天然痘ウイルスと牛疫（Rinderpest）ウイルスの２つだけ。

X　地球の進化を宇宙から考える

ジェームズ・ワトソンとフランシス・クリックが1953年にＤＮＡの二重らせん構造を明らかにしてからちょうど50年後の2003年にヒトゲノムの完全解読が達成されました。その3年前の2000年6月26日、ビル・クリントン米国大統領（当時）と、トニー・ブレア英国首相（当時）が、ヒトゲノムの解読（完全解読は、2003年4月14日）を発表しました。ヒトゲノムの完全解読は、まぎれもなく、人類史上最大の成果の一つです。また、これは、生物学が記載中心から、物理学・数学・化学と同様、宇宙の普遍原理（統一原理）に基づいた学問に変わったことを宣言したときでもあります。

ヒトゲノムは、「ヒトという生物のアイデンティティを決定するすべての遺伝情報を担っているＤＮＡのセット」のことです。もっと平たくいうと、ヒト細胞の核内にある46本の染色体上に並んでいる「ヒトが持つすべての遺伝情報」のことです。ＤＮＡは、4つの塩基（*A*：アデニン、*T*：チミン、*G*：グアニン、*C*：シトシン）の2つが対（塩基対）となった2本鎖が、らせん状になったものです。この4つの塩基を4つの“文字（*A*、*T*、*G*、*C*）”と考えるとわかりやすいと思います。4

つの“文字”を使って遺伝情報が記述（“文章”）されています。ヒトゲノムは、その“文章”が綴られた“本”のことです。この“本”の中にからだに必要なタンパク質の合成情報について記述した“文章”があります。この“文章”のところを「遺伝子」といいます。驚くべきことに、この“文章（遺伝子）”は、すべての生物に共通しています。

ヒトゲノムの中で、この「遺伝子」が占める割合は、約1.5%しかありません。「遺伝子数」でいうと、わずか2万~2万5千個（文章）に過ぎません。残りの約98.5%（タンパク質の合成にかかわっていない不可解な部分）の内訳はHERV/LTR[*2-X-1]が9%、LINE/SINE[*2-X-2]が34%、ＤＮＡトランスポゾン[*2-X-3]が3%、不明が52.5%[*2-X-4]となっています。この中のHERV/LTR、LINE/SINE、ＤＮＡトランスポゾンの合計46%は、ヒトゲノムの中に入り込んだウイルス（HERV：ヒト内在性レトロウイルス）とその断片（残骸）です。残りの52.5%もウイルス由来であると考えられています。ということは、ヒトゲノムのほとんどがウイルスにかかわるものであるということになります。ヒトゲノムほどウイルス由来の割合が多いゲノムは、他にありません（L. Villarreal）。となると、我々は、ヒトという“衣”をまとったウイルスなのかもしれません。

それでは、ウイルスとはいったい何者なのでしょうか。最初にウイルスが発見されたのは、19 世紀の終わりです[*2-X-5]。ウイルスにも細菌と同様に善玉と悪玉がいるはずですが、不幸にして病原体としての悪玉ウイルスの発見から研究（魔女狩り）がはじまったため、ウイルスは人間に害を与えるものという既成概念ができ上がっています。つまり、ウイルスはすべて悪玉であるという思い込みです。知られているウイルスは、約 5,000 種程です。海水の中には約 10^{31}（人口は約 7×10^{9} ですから、少なくともその 10^{21}〈10 垓〉倍）のウイルスがいると推定[*2-X-6]されています。

現在では、細菌そのものでなく、核酸の配列を検出する最新の技術を使うことで、細菌の種類は数千種でなく、10 億種を優に超えるだろうと推定されています。この大部分は、極限環境微生物[*2-X-7]と呼ばれるものと考えられています。ウイルスは、細菌の 10 倍位多いと推定されますから、ウイルスは 100 億（10^{10}）種位いると考えられます。

ウイルスは、細胞質などは持たず、タンパク質と核酸（ＤＮＡかＲＮＡ）からなる粒子です。ウイルスの大きさ（エイズウイルス 0.1 μm）は、細菌の大きさ（ブドウ球菌 1.0 μm）と比べるとかなり小さいため、電子顕微鏡が開発（1935 年）されるまで見ることができませんでした。

ウイルスの最大の特徴は、自己複製できないことです。ウイルスを含む他の生物の細胞に寄生したときのみ、ウイルスは増殖します。[*2-X-8] ウイルスは生命か生命でないか、という議論がありますが、細胞に入ったウイルスは明らかに生命（的）です。逆に、細胞の外にいるウイルスは、単なる化学物質のようです。生物の細胞は、自らエネルギーを取り入れて、倍々増殖（2nの対数増殖）をしますが、ウイルスは細胞に侵入した後、細胞のエネルギーを利用して、ウイルスの各パーツを生成し、それを一気に組み立てて膨大な数の自己複製を果たします（一段階増殖）。ウイルスの増殖について、チャンドラ・ウィックラマシンゲは、以下の通り説明しています。

「ウイルスは、細胞の表面の特定の場所に吸着する。すると、速やかに細胞の外膜に取り込まれ、その内部に引き込まれる。次に、その細胞はウイルスのタンパク質外殻を剥ぎ取る。その後は、細胞はウイルスの指示に従うことになる。その指示とは、基本的に、『すべての作業を中断して私（ウイルス）の複製を作れ』というものである。細胞は、この指示に即座に対応する。そして自己複製後、最終的にウイルスは、細胞の壁を酵素で溶かし、そこから飛び出し、次の標的細胞を目指す。その結果として当該細胞は破壊されるのである」（『彗星パンスペルミア』P74）

地球上にウイルスが100億種もいながら、我々が知っているのは、せいぜいその数千種ですから100万～1,000万分の1でしかありません。しかもその中の悪玉ウイルス（病原体）ばかりです。ウイルスは悪者であるという偏見によって、生命システムにおけるウイルスの本当の役割、存在理由（レーゾンデートル）を見失ってきました。近年善玉ウイルスが、多く発見されています。極限環境微生物を苛酷な環境で生存可能たらしめているのは、そのような微生物に寄生しているウイルスです。そのようなウイルスがいくつも発見されています。

植物に耐熱性を与えるＲＮＡウイルスのCThTウイルスもその一つです。人間の胎児は、母体から見れば異物ですから、受精卵はそのままでは白血球などの免疫機構の攻撃を受けてしまい排除されます。この胎児を、シンシティンという膜をつくって母体の免疫から守っているウイルス[*2-X-9]も見つかっています。藻類の中から葉緑体を取り込み、それによって、日光エネルギーをもとにした光合成をして生きている不思議なウミウシ（植虫類）がいます。エサを求める必要がなく、日光浴をしているだけで生きていける動物です。これは藻類（植物界）からウミウシ（動物界）へと光合成にかかわる遺伝子が移ったからできることです。この遺伝子の水平伝播にウイルスが関与していると考えられています。

このように視点を変えると、善玉ウイルスとその存在理由が見えてきます。病原体ではない善玉ウイルスの方が、悪玉ウイルスより圧倒的（100万～1,000万倍）に多いことが推察されますが、そこにはウイルスの自己複製戦略が潜んでいます。

ウイルスには、善いとか悪いとかといった価値観はありません。あるのは、あらゆる状況下においても、“自己複製”するという不退転の“意思”みたいなものです。ウイルスは、宿主細胞を完全にコントロールして、“自己複製”に邁進します。善玉、悪玉という価値判断は、我々が勝手にしているだけです。このような、人間の価値判断を排除して、生命に対するウイルスの働き（意思）を見ると、今まで見失っていた多くの重要な生命事象が見えてきます。

ウイルスの自己複製は、生物の細胞に依存しています。細胞でなくとも、複製する能力さえあればウイルスでも、ウイルスは寄生して自己複製することができます。細胞が生きていなくとも、ウイルスは死んだ細胞のパーツを蘇生させて必要な機能を組み合わせて細胞の装置を再起動させて、自己複製をすることができます。また、細胞（シアノバクテリア）の壊れた光合成酵素の代わりをするウイルス版の光合成（シアノファージによる）も知られています。このように、ウイルスは、自己複製のためにいろいろな戦略（能力）を駆使しています。ウイルスがその複製を宿主細胞に依存している以上、ウイルスと宿主細胞は運命を共にしています。したがって、ウイルスの自己複製戦略の根底に、宿主細胞の維持もあると考えられます。この視点からウイルスを見なくてはなりません。

ウイルスの“自己複製”に対する不退転の“（宇宙）意思”が意味することは、究極、“生命情報（ＤＮＡ）”の交換・追加と拡散であると考えられます。ウイルスの複製戦略を見ると、“生命情報（ＤＮＡ）の継続”こそ、ウイルスに秘められた究極の“生命目的”であることが推察されます。ウイルスがすべての生命の最も始原的な存在であると仮定すると、すべての生命の究極の“生命目的”は、ウイルス同様、“生命情報の継続”となります。

ウイルスがすべての生命の源に近いところに存在しているという可能性は、ウイルスの遺伝子にあります。それは、ウイルスの遺伝子の大半が、他の生物にないものであることです。このことは、ウイルスが細菌とか植物とか動物から種分化とか進化したのではないことを示しています。

さらに、ウイルスには、自ら遺伝子をつくる能力[*2-X-10]があります。ウイルスは、他のウイルスに由来する遺伝子の小片をつなぎ合わせて遺伝子をつくることができます。また、１個の細胞の中に破壊されたウイルスが複数あれば、壊れた部品を補完して、リアセンブルして、再び１個のウイルスになれます。これを多重（感染）再活性化（Multiplicity Reactivation）といいます。ウイルスは、“不死鳥”のようです。これらを考えると、ウイルスは、他の生物とまったく違う“生命”であると考えるべきです。と同時に、このような“生命”が地球創成時の早い時期に地球上で、他の生命に先駆けて、自然発生したと考えることは、Ⅳ－２に示した通り、極めて困難です。

ウイルスは、それを受け入れてくれた宿主である生物細胞に侵入すると、その代謝機構とエネルギー機構を乗っ取って、自己複製を開始します。ウイルスによりますが、数時間から数日のプロセスで何万から何十万というウイルスの子孫をつくり、細胞壁を破壊してウイルスは、次の標的（宿主）を求めて細胞から出ていきます。ウイルスにとって、問題となるのは、このウイルスと宿主との関係が特異的（選択的）であることです。

より正確にいうと、ウイルスの宿主に対する特異性は、個別の細胞にある[*2-X-11]のでなく、宿主の免疫組織に対するもの[*2-X-12]です。

このことは、ウイルスを細胞培養するとき、宿主細胞を使用しない方が多い（ヒト特異的ウイルスの培養を鶏の受精卵で実施など）ことからも推察できます。宿主の細胞がウイルスを特異的に“招き”入れています。ウイルスは、非常に限られた遺伝子情報しか持っていないため、ウイルスが細胞を出し抜くことはできません。

ウイルスにとって問題となるといいましたが、何が問題かというと、もしウイルスが無制限に宿主細胞内で自己複製を続けていくと、宿主が絶滅することです。宿主が絶滅してしまうと、ウイルスはその特異性が災いして、複製する細胞がなくなってしまいます。そうなるとウイルスも絶滅の危機を迎えてしまいます。このような事態を避けるためのウイルスの戦略が“内在化”です。つまり、ウイルスのゲノム（ほとんど自分自身）を宿主のゲノムに侵入させることです。その結果、ウイルスのゲノムは宿主のゲノムの一部になります。この時点で、ウイルスと宿主の関係は、ウイルスの複製を唯一の最優先事項とした、最初の激しい“攻撃的・破壊的”なものから、ウイルスと宿主の“共生”という長期安定した緩やかなものに変わります。

この状態になったウイルス（レトロウイルス）のことを“内在性レトロウイルス”といいます。この状態のウイルスは、何かの条件によって再出現することがあります。例えば、寄生蜂の生殖細胞に組み込まれているポリドナウイルス[*2-X-13]は、産卵をきっかけに完全な形のウイルスとなって姿を現します。

ウイルスの内在化は、生物史上何度も起きています。それは、細胞にしてみれば、最初の外来性ウイルスの激しい攻撃時代から、内在性ウイルスとの平安な共生時代です。ウイルスの内在化のたび、宿主のゲノムの中に安住するウイルスのゲノムが加えられていきます。このようにして、ヒトゲノムは進化してきました。2003年のヒトゲノム完全解読以降、それまでほとんどわかっていなかったウイルスによるヒトゲノムの進化の過程が少しずつ明らかになってきました。

この視点（ウイルス進化説）から、これまで主流であった“自然淘汰”を基礎とするチャールズ・ダーウィンとアルフレッド・ラッセル・ウォーレスの進化論（仮説）[*2-X-14]、またそこに“突然変異”を加えたネオ・ダーウィン進化論（仮説）を検証すると、これらの説が仮説にとどまっていることが納得できます。単に、中間形態の化石が発見されていないとか、カンブリア大爆発のような生物の突然の出現が説明できないだけではありません。もっと決定的・根本的な時空の欠陥があります。

遺伝情報がウイルスによって、いろいろな生物に内在化を通じて導入[*2-X-15]された結果、生物は種分化と進化したことが、ゲノム解読とその分析によって明らかになってきました。これが、生物の分化と進化のメーンストリームです。自然淘汰は、マイナーな事象です。自然淘汰で生物の多様化と進化を説明するには、この宇宙史138億年とか地球史46億年では、時間がまったく足りません。

もし地球が唯一の生命を育む、かけがいのない存在であったなら、そして宇宙に対し、生命が閉鎖系に留まっていたなら、地球上の生命はもっともっと退屈でモノトーンな世界に留まっていたに違いありません。

地球上生命の驚異的な多様性はそれ自体、地球が宇宙それも多元宇宙に対し開放系であり、時空がつながっていることを示しています。その物理的なメッセンジャーは、始原的なウイルスと微生物を容する"彗星"に違いありません。生物的なメッセンジャーは、もちろん"ウイルス"です。

フレッド・ホイルとチャンドラ・ウィックラマシンゲが提唱した通り、我々(生命)は、まったくの偶然によって、たった一度だけ生命の誕生という奇跡的な事象が起こった、どこかの宇宙とつながったこの宇宙に存在している、と考える必要があります。我々は、そのような多元的宇宙という、"開いた宇宙モデル[*2-X-16]"の一つの宇宙に存在していると考えなくてはなりません。“開いた宇宙モデル”では、一度生命が誕生すれば、その後宇宙のいたるところで生命は、増殖し、分化し、進化し、拡散し、宇宙の不可欠な存在となります。フレッド・ホイルとチャンドラ・ウィックラマシンゲが考えたように、宇宙は生命（ＤＮＡ）の継続を唯一の目的に、種が播かれ農業が営まれている空間のようです。

フレッド・ホイルとチャンドラ・ウィックラマシンゲは、1962年から、一貫して、宇宙に生命が存在することを主張してきました。そして、宇宙生命の種は、彗星によって惑星に運ばれてきたとする“彗星パンスペルミア説”を提唱しました。地球は、宇宙空間にほぼ無限大に存在する惑星の一つに過ぎません。地球生物も、したがって、宇宙においては何ら特別の存在ではありません。これが生命の真実です。そのことは、極めて近い将来、現代の科学があらゆる観察と実験と精密な数学的分析を総合した“厳格な科学”によって明らかにすることです。

＊2-X-1 HERVとは、Human Endogenous Retrovirusのこと。ヒトゲノムに内在化したレトロウイルス。LTRとは、Long Terminal Repeat（長鎖反復配列）。レトロウイルスやレトロトランスポゾンの両端にある塩基配列でゲノムの挿入にかかわっている。

＊2-X-2 LINEとは、Long Interspersed Nuclear Element（長鎖散在反復配列）。Cut and Pasteされたレトロウイルスの断片。SINEとはShort Interspersed Nuclear Element（短鎖散在反復配列）。Copy and Pasteされたレトロウイルスの断片。Alu配列が多い。LINEのL1に依存。

＊2-X-3 約3,700万年前に活動を停止したＤＮＡウイルス。約98,000種のＤＮＡウイルス40 familyと推定されている。

＊2-X-4 LINE、SINEよりさらに断片的。約半分はイントロン（Intron）。

＊2-X-5 1892年タバコモザイクウイルス。ロシアのドミトリー・イワノフスキーが発見。

＊2-X-6 海水1ℓ当たり100億個のウイルス。全海水1.37×10^{21}ℓとして1.37×10^{31}ウイルス。

＊2-X-7 極限環境でのみ増殖できる微生物の総称。

＊2-X-8 ウイルスは代謝機構もエネルギー機構も持っていない。他の生物の細胞の代謝機構を借りて子孫のウイルスをつくる「究極の寄生性の生命体」。

＊2-X-9 内在性レトロウイルスHERV-W、HERV-FRD。

＊2-X-10 「ウイルスは自分だけの力で複雑な遺伝子を作り出す能力がある（L.Villarreal、「Viruses and the Evolution of Life」）」、F.ライアン『破壊する創造者』（『Virolution』）P.149。

＊2-X-11 宿主細胞のレセプター。

＊2-X-12 チャンドラ・ウィックラマシンゲの推測。

＊2-X-13 内在性ウイルスではなく、共生ウイルス。

＊2-X-14 ハーバート・スペンサーは、1864年に「Principles of Biology」の中で、survival of the fittest（適者存在）という概念を示した。

＊2-X-15 レトロトランスポゾンの爆発的増幅の歴史：
① 約2.5億年前、哺乳類のみ。
② 約6,300～5,500万年前（原猿類から真猿類）
③ 約5,000～4,000万年前（真猿類）。
④ 約4,400～3,500万年前（真猿類から広鼻猿類）。

⑤ 約 3,700 万年前（The Great Human HERV Colonization、狭鼻猿類）。
⑥ 約 2,500 万年前（HERV が霊長類に組み込まれた）。

＊2-X-16 注１-Ⅱ-１参照。

あとがき

「宇宙経済学（AstroEconomics）」などというと決まって宇宙資源開発に関する研究だと思われます。しかし、本書の宇宙経済学は、そのような宇宙資源とか宇宙開発を研究対象とする社会科学ではありません。“地球中心主義”と“人間中心主義”に代わる“宇宙中心主義（パンスペルミア説）”に基づいた経済学です。有限な地球（惑星）を超えて、時空を宇宙に拡大した経済学です。

既存の「経済学」は、“人間”と“資本主義”を対象としています。地球上の“希少財”を最適配分することで人間の“欲の充足”を達成しようとする学問です。「経済学」は、人間の“欲”をその研究対象としたことによって、時空を地球に留めておくことができない宿命を負っています。当たり前のことですが、地球は“有限（$E \neq \infty$）”です。それに対して人間の欲には限度がありません（$M=G=\infty$）[*1]。人間は“言葉”を発明したことから技術開発を促進し、なんとか押さえていた欲を解放[*2]してしまいました。言葉だけならまだしも“お金”を発明しました。お金という“貨幣言語”と生来の“貨幣愛

(*M*=*G*)”によって、欲の限度は完全に撤廃され、地球の“希少財”に対する人間の闘争は拡大の一途をたどり、もはや制御困難な状況にいたっています。

ホモ・サピエンス・サピエンスが地球に誕生して言葉を発明し“人間”となって以来、人間は“地球中心主義”と“人間中心主義”を頑(かたくな)に守ってきました。しかし、コペルニクスが“地動説”を唱えてから、人間は一貫して下り坂を転げ落ちています。“天動説の否定”そして最近の3000を超える“系外惑星の発見”によって、地球中心主義が、人間の単なる“夢想・幻想”であったことが判明しました。さらに、“ヒトゲノム”の完全解読とその後のウイルス研究およびパンスペルミア研究によって、ダーウィン進化論に対する絶対的信頼も揺らぎ、人間中心主義は風前の灯(ともしび)です。

人間は、広大無辺の宇宙時空では微々たる存在であって、種全体として無意味無価値の存在です。

ポール・ゴーギャンがタヒチで描いた絵、『我々はどこから来たのか　我々は何者か　我々はどこへ行くのか』の問いは、ようやく21世紀の科学によって納得のいく説明が示されることになります。その答は、従来の説明とはまったく反対の、「我々は宇宙から来た　我々はウイルスである　我々は遺伝コードとして宇宙に戻る」です。この答に対し、いかに多くの実証データが積み上げられようとも、まだしばらくの間は、人間中心主義が邪魔をして正解とは認められません。

従来の、哲学、倫理、仏法を除く宗教、自然科学と社会科学は、すべて人間中心主義に基づいています。経済学も例外ではありません。むしろ人間と資本主義を対象としている限り、最も人間中心主義を信奉する学問といえます。我々が住む地球のような惑星は観測可能なこの宇宙にほぼ無限にあり、生命の胚種がその中に満ち溢れていること（パンスペルミア説）が事実であるなら、これらはすべて誤った認識の上に構築された“人間の知恵”ということになります。それは、夢想・幻想の知恵に過ぎないということです。

21 世紀の正しい科学認識に基づいた自然科学と社会科学を構築することが急務です。それは 21 世紀に入り、厳正な自然科学に裏付けられた社会科学の確立です。経済学においては、“宇宙経済学”の確立が要請されます。

最後になりましたが、本書の出版にあたっては杉田佳津江さんに原稿のタイプをお願いし、その確認作業は緒方哲明さんを中心に中島寛文博士と西澤幸子さんに引き受けていただきました。文章のチェックをはじめ出版までの作業は大津明子さん、地湧社の増田圭一郎社長と花園大学大学院博士課程の安孫子芳枝さんにご尽力いただきました。ウイルスに対する“善玉・悪玉”さらには“人間（遺伝子）のルーツとしてのウイルス”という視点は、東京大学名誉教授の山内一也先生からいただいた多くの資料と、先生との数年間にもおよぶ昼食勉強会から得たものです。“人類があと 100 年地球に存続することができない”というタイムリミットとその根拠については、東京大学名誉教授の松井孝典先生との無数の会談と出版物から得ました。エネルギー論は前一橋大学教授（同志社大学名誉教授）の室田武先生から多くを学ばせていただきました。仏法と科学については、花園大学教授の佐々木閑（しずか）先生の講演と書物から、そして仏法とその実践については、京都大原三千院の堀澤祖門ご門主と広島大学名誉教授の町田宗鳳（そうほう）先生に教えていただきました。心よりお礼申し上げます。

本書の絵と装幀は、ご多忙の中新進気鋭の建築家三浦慎さんに無理を承知でお願いしました。心よりお礼申し上げます。

所　源亮

＊1　*E* とはエネルギー（energy）、*M* とは貨幣（money）、*G* とは欲（greed）。

＊2　注 1-Ⅴ-1 参照

●著者プロフィール

所　源亮（ところ・げんすけ）

1949年生まれ。1972年、一橋大学経済学部卒業。世界最大の穀物育種会社パイオニア・ハイブレッド・インターナショナル社（米国）国際部営業本部長を歴任し、1986年、ゲン・コーポレーションを設立。1994年、旭化成と動物用ワクチンの開発企業の日本バイオロジカルズ社を設立、2009年に売却。2009～2015年、一橋大学イノベーション研究センター特任教授。2014年、一般社団法人ISPA（宇宙生命・宇宙経済研究所）を松井孝典博士、チャンドラ・ウィックラマシンゲ博士とともに設立。医療・薬業如水会名誉会長、京都バイオファーマ製薬株式会社代表取締役社長。2017年よりUniversity of Ruhuna（スリランカ）客員教授。

チャンドラ・ウィックラマシンゲ

1939年1月20日スリランカの首都コロンボに生まれた。1960年にセイロン大学（今のコロンボ大学）の数学科を卒業。第1回の英連邦奨学生の3人の中の1人に選ばれ、ケンブリッジ大学に入学した。フレッド・ホイルとともに、生命は宇宙に満ち溢れているという「パンスペルミア論」を徹底した実証主義に基づいて研究。スリランカの国家栄誉賞「ウッドヤ・ジョディ」、ケンブリッジ大学「パウエル英詩賞」、「ダグ・ハマーショルド科学賞」（フレッド・ホイルと共同）を受賞。ウェールズ大学応用数学・天文学学科長、スリランカ大統領科学顧問、スリランカ基礎科学研究所所長などを歴任し、現在バッキンガム大学宇宙生物学研究センター長として精力的に研究を続けている。

宇宙経済学（$E = M$）入門

現在と未来を貫く「いのちの原理」

2018年4月30日　初版発行
2019年6月19日　3刷発行

著　者　所　源亮
　　　　チャンドラ・ウィックラマシンゲ

発行者　増田　圭一郎
発行所　株式会社 地湧社（ぢゆう）
〒101-0042 東京都千代田区神田東松下町 37-2-604
電話　03-3258-1251／FAX　03-3258-7564
URL　http://www.jiyusha.co.jp/kaisha.html
編集協力　ギャラップ
製作協力　やなぎ出版
装　画　三浦　慎
装　丁　岡本　健＋
印　刷　中央精版印刷株式会社

ISBN978-4-88503-248-6　C0044